燃气经营企业从业人员专业培训教材

燃气管网运行工

燃气经营企业从业人员专业培训教材编审委员会　组织编写

方建武　主编

中国建筑工业出版社

图书在版编目（CIP）数据

燃气管网运行工/燃气经营企业从业人员专业培训
教材编审委员会组织编写；方建武主编. —北京：中
国建筑工业出版社，2017.7（2023.7重印）
燃气经营企业从业人员专业培训教材
ISBN 978-7-112-21026-8

I.①燃… Ⅱ.①燃…②方… Ⅲ.①城市燃气—管
网—技术培训—教材 Ⅳ.①TU996.6

中国版本图书馆 CIP 数据核字（2017）第 164564 号

本书是根据《燃气经营企业从业人员专业培训考核大纲》（建办城函〔2015〕
225 号）编写的，是《燃气经营企业从业人员专业培训教材》系列丛书之一，属
于专业教材。本书共 7 章，包括：燃气发展概况、城镇燃气管网系统、燃气管道
安装、燃气管网运行、燃气输配安全管理、燃气管网运行作业规程、燃气管网运
行常用设备。

本书可供燃气经营企业燃气管网运行工及相关从业人员学习和培训使用。

责任编辑：朱首明 李 明 李 阳 李 慧
责任校对：焦 乐 党 蕾

燃气经营企业从业人员专业培训教材
燃气管网运行工
燃气经营企业从业人员专业培训教材编审委员会 组织编写
方建武 主编
*
中国建筑工业出版社出版、发行（北京海淀三里河路 9 号）
各地新华书店、建筑书店经销
北京建筑工业印刷厂制版
建工社（河北）印刷有限公司印刷
*
开本：787×1092 毫米 1/16 印张：8¾ 字数：217 千字
2017 年 7 月第一版 2023 年 7 月第六次印刷
定价：29.00 元
ISBN 978-7-112-21026-8
（30666）

燃气经营企业从业人员专业培训教材
编 审 委 员 会

出版说明

为了加强燃气企业管理，保障燃气供应，促进燃气行业健康发展，维护燃气经营者和燃气用户的合法权益，保障公民生命、财产安全和公共安全，国务院第 129 次常务会议于 2010 年 10 月 19 日通过了《城镇燃气管理条例》（国务院令第 583 号公布），并自 2011 年 3 月 1 日起实施。

住房和城乡建设部依据《城镇燃气管理条例》，制定了《燃气经营企业从业人员专业培训考核管理办法》（建城〔2014〕167 号），并结合国家相关法律法规、标准规范等有关规定编制了《燃气经营企业从业人员专业培训考核大纲》（建办城函〔2015〕225 号）。

为落实考核管理办法，规范燃气经营企业从业人员岗位培训工作，我们依据考核大纲，组织行业专家编写了《燃气经营企业从业人员专业培训教材》。

本套教材培训对象包括燃气经营企业的企业主要负责人、安全生产管理人员以及运行、维护和抢修人员，教材内容涵盖考核大纲要求的考核要点，主要内容包括法律法规及标准规范、燃气经营企业管理、通用知识和燃气专业知识等四个主要部分。本套教材共 9 册，分别是：《城镇燃气法律法规与经营企业管理》、《城镇燃气通用与专业知识》、《燃气输配场站运行工》、《液化石油气库站运行工》、《压缩天然气场站运行工》、《液化天然气储运工》、《汽车加气站操作工》、《燃气管网运行工》、《燃气用户安装检修工》。本套教材严格按照考核大纲编写，符合促进燃气经营企业从业人员学习和能力的提高要求。

限于编者水平，我们的编写工作中难免存在不足，恳请使用本套教材的培训机构、教师和广大学员多提宝贵意见，以便进一步的修正，使其不断完善。

燃气经营企业从业人员专业培训教材编审委员会

前　言

　　《燃气管网运行工》一书是针对燃气管网从业人员技能岗位培训所编写的教材。本书主要从城镇燃气管网的概述、管网敷设或场所内管道的安装、巡检、保养、试验检验、检修维护、抢修抢险；阀门、调压器、流量计等设备的操作、调试、试验检验、检测鉴定、维护维修、保养、抢险抢修；保障管网安全、稳定、持续供应的管理规定、规章制度和应急预案等方面作了详细的说明。编写时采用简洁明了、深入浅出的方法，对从事燃气管网的从业人员和安全管理人员所需掌握的安全管理知识、实际操作技能等进行了系统的阐述。

　　燃气行业是高危险性行业，易燃易爆，安全与管理重之又重。所以，为了保障燃气管网安全、稳定、持续供应，严格执行操作规程，需要健全一支有一定的专业知识，一定技术水平，有高度责任心的职工队伍。让工人加强专业知识的学习，提高专业技能水平，为企业在安全经营管理、业务发展等方面能够提供强有力的技术安全管理保障体系。以此在日常安全运营中，牢固树立"隐患险于明火、防范胜于救灾、责任重于泰山"的安全生产意识，安全为了生产，生产必须安全的责任心。为了有效控制燃气安全事故的发生，保障社会供给，确保燃气安全，促进燃气行业健康发展。国家住建部依据国务院第583号令《城镇燃气管理条例》的规定，要求燃气企业的主要负责人、安全生产管理人员以及运行、维护和抢修人员经专业培训并考试合格，并针对性的编写制订了培训考试大纲。并根据《燃气经营企业从业人员专业培训考核大纲》编写了本教材。本书由安徽省燃气协会、合肥市燃气行业协会承担组织编写工作。

　　本书由晋传银主审，并统稿，方建武主编，周善忠、晋戬、吴文嘉、陈鹏飞、汪志府、刑焕润、林峰、周枫、王友俊等参加编写。本书在编写、出版、发行过程中得到了安徽省住建厅的关心，合肥燃气集团有限公司、马鞍山港华燃气有限公司、安徽深燃天然气有限公司、合肥皖建职业培训学校和重庆海特能源投资有限公司的大力支持，在此一并表示感谢！

　　本书在编写过程中力求在文字上简明扼要，通俗易懂，冀希望能解决燃气管网操作人员关心的实际问题。尽管如此，限于我们的水平，书中难免有不足或错误之处，敬请广大读者朋友们批评指正。

目　录

1 燃气发展概况 ……………………………………………………… 1

　1.1 燃气市场发展现状 ………………………………………… 1

　1.2 城镇燃气的发展历史 ……………………………………… 4

　1.3 我国天然气存储与工程简介 ……………………………… 5

2 城镇燃气管网系统 ……………………………………………… 8

　2.1 城镇燃气管网输配系统 …………………………………… 8

　2.2 城镇燃气管网系统布置 …………………………………… 14

　2.3 燃气供应系统 ……………………………………………… 22

　2.4 城镇燃气输配系统的管理 ………………………………… 30

3 燃气管道安装 …………………………………………………… 32

　3.1 管道安装技术 ……………………………………………… 32

　3.2 管道安装及验收 …………………………………………… 38

4 燃气管网运行 …………………………………………………… 58

　4.1 管网巡查 …………………………………………………… 58

　4.2 管网设备 …………………………………………………… 81

5 燃气输配安全管理 ……………………………………………… 86

　5.1 燃气经营企业的基本要求 ………………………………… 86

　5.2 国家及各级政府的安全管理法规 ………………………… 88

　5.3 应急预案 …………………………………………………… 88

　5.4 事故应急处理方法 ………………………………………… 99

6 燃气管网运行作业规程 ………………………………………… 103

　6.1 管网运行作业规程 ………………………………………… 103

　6.2 管网设备设施维护抢险作业规程 ………………………… 109

　6.3 管网设备设施作业规程 …………………………………… 111

　6.4 管网运行安全规程 ………………………………………… 116

7 燃气管网运行常用设备 ··· 122

  7.1 巡检设备 ··· 122

  7.2 维修设备与器材 ·· 124

参考文献 ··· 132

1 燃气发展概况

我国城镇燃气是由天然气、液化石油气、人工煤气三种气源构成。21 世纪以来，随着我国天然气的技术提高、工业开发、建设的跨越式发展，出现了崭新的局面。在天然气利用方面，国家出台了一系列方针政策，鼓励并支持燃气由以液化石油气和人工煤气为主，逐步向以天然气为主过渡。通过推进城镇燃气行政许可管理和管道燃气特许经营等行政许可制度，规范市场行为，确保燃气运行安全。同时，加快国有燃气企业改革创新，逐步建立现代化企业制度，推进利用外资政策，加快城镇燃气事业的发展。目前，通过的"十三五"发展规划，明确提出了"十三五"期间我国天然气以管网建设为重要发展期，要统筹国内外天然气资源和各地区经济发展需求，整体规划，分步实施，远近结合，适度超前，鼓励各种主体投资建设天然气管道。依靠科技进步，加大研发投入，推动装备国产化。加强政府监管，完善燃气管理法律法规，实现管道第三方准入和互联互通，在保证安全运营前提下，任何天然气基础设施运营企业应当为其他企业的接入请求提供便利。进一步完善气源进口通道，提高干线管输能力，加强区域管网和互联互通管道建设。完善主要消费区域干线管道、省内输配气管网系统，加强省际联络线建设，提高管道网络化程度，加快城镇燃气管网建设，形成联系畅通、运行灵活、安全可靠的管网系统。"十三五"要抓好大气污染治理重点地区等气化工程、天然气发电及分布式能源工程、交通领域气化工程、节约替代工程等天然气利用工程，使天然气占一次能源消费比重力争达到 10% 左右。

1.1 燃气市场发展现状

1. 燃气的开发和使用

（1）天然气将成为城镇燃气的主导气源

2004 年"西气东输"工程投入运行，使得天然气用气人口首次超过人工煤气用气人口，2009 年已接近液化石油气（LPG）用气人口；2009 年天然气消费量占领了 56.4% 的燃气市场，首次超过液化石油气，成为燃气领域的主导气源。根据《中国城乡建设统计年鉴 2015》数据显示，截至 2015 年底，城镇燃气用气人口已达 5.57 亿人。其中天然气发展迅速，上升趋势明显，达 3.36 亿，占总用气人口的 60%。

从各类气源用量（按热值计算）看，天然气自 2005 年起已取代液化石油气成为第一大城市燃气气源。到 2009 年全国人工煤气、天然气、液化石油气 3 类燃气用气总人口为 3.44 亿人，燃气普及率达 91.2%，比上年提高 1.6 个百分点。其中，液化石油气仍然是城市燃气的第一大气源，用气人口 1.69 亿人，占 49.1%；天然气依然保持快速增长趋势，用气人口 1.45 亿人，占 42.2%，比上年增加 19.5%；人工煤气继续萎缩，用气人口 0.3 亿人，占 8.7%，比上年减少 4.0%。截至 2009 年底，中国大陆除西藏以外的 30 个省级行政区均已不同程度地利用天然气，以天然气作为城市燃气主要气源的城市达到 438 个，占全国县级以上城市的比例为 67％比上年提高 6％。2000～2012 年，天然气用量占比由 26.7％增加到 78.6％，LPG 用量占比 52.5％下降至 2012 年的 18％，人工煤气占比则由 20.8％下降至 3.4％。2015 年全国用气总人口达 5.57 亿人。其中，天然气用气人口达到 3.36 亿人，占比 60.3；LPG2.1 亿人，占比 3.37％；人工煤气 0.13 亿人，占比 2.3％。特别是自 2004 年西气东输一线投入商业运营以来，天然气用气人口快速增长；相反，液化石油气和人工煤气的用气人口呈逐年递减趋势。

（2）城镇燃气发展展望

我国天然气市场步入了快速发展期，城市燃气行业也进入了发展的黄金时期。2012 年城市燃气企业天然气供应量 865 亿 m^3，2012 年我国天然气资源总量达到 1514 亿 m^3。根据《能源行业加强大气污染防治工作方案》，2015 年全国天然气供应能力达到 2500 亿 m^3；2017 年全国天然气供应能力达到 3300 亿 m^3。并提出了着力增强气源保障能力的措施。2014 年 4 月 14 日，国家发改委发布《关于建立保障天然气稳定供应长效机制的意见》，要求增加天然气供应，到 2020 年天然气供应能力达到 4000 亿 m^3，力争达到 4200 亿 m^3。截至 2015 年底，我国常规天然气地质资源量 68 万亿 m^3，累计探明地质储量约 13 万亿 m^3，探明程度 19％，处于勘探早期。"十二五"期间全国累计新增探明地质储量约 3.9 万亿 m^3，2015 年全国天然气产量 1350 亿 m^3，储采比 29。"十二五"期间累计产量约 6000 亿 m^3，比"十一五"增加约 2100 亿 m^3，年均增长 6.7％，主要特点体现在以下几个方面：

1）非常规天然气加快发展。页岩气勘探开发取得突破性进展，"十二五"新增探明地质储量 5441 亿 m^3，2015 年产量达到 46 亿 m^3，焦石坝、长宁—威远和昭通区块实现了商业化规模开发。煤层气（煤矿瓦斯）抽采利用规模快速增长，"十二五"期间累计新增探明地质储量 3505 亿 m^3，2015 年全国抽采量 140 亿 m^3，利用量 77 亿 m^3，煤层气产量（地面抽采）约 44 亿 m^3，利用量 38 亿 m^3。

2）进口天然气快速增加。天然气进口战略通道格局基本形成。西北战略通道逐步完善，中亚 A、B、C 线建成投产，年供气量 300 亿 m^3；西南战略通道初具规模，年供气量 80 亿 m^3；东北战略通道开工建设，2018 年投入运行，年供气量 380 亿 m^3；海上进口通道发挥重要作用。"十二五"期间累计进口天然气超过 2500 亿 m^3，是"十一五"天然气进口量的 7.2 倍，2015 年进口天然气 614 亿 m^3。

3）天然气在一次能源消费结构中占比提高，用气结构总体合理。2015 年全国天然气表观消费量 1931 亿 m^3，"十二五"期间年均增长 12.4％，累计消费量约 8300 亿 m^3，是"十一五"消费量的 2 倍，2015 年天然气在一次能源消费中的比重从 2010 年的 4.4％提高到 5.9％。目前天然气消费结构中，工业燃料、城市燃气、发电和化工分别占 38.2％、32.5％、14.7％和 14.6％，与 2010 年相比，城市燃气、工业燃料用气占比增加，化工和发电用气占比有所下降。

4）基础设施布局日益完善。"十二五"期间累计建成干线管道 2.14 万 km，累计建成液化天然气（LNG）接收站 9 座，新增 LNG 接收能力 2770 万 t/a，累计建成地下储气库 7 座，新增工作气量 37 亿 m^3。截至 2015 年底，全国干线管道总里程达到 6.4 万 km，一次输气能力约 2800 亿 m^3/a，天然气主干管网已覆盖除西藏外全部省份，建成 LNG 接收站 12 座，LNG 接收能力达到 4380 万 t/a，储罐罐容 500 万 m^3，建成地下储气库 18 座，工作气量 55 亿 m^3。全国城镇天然气管网里程达到 43 万 km，用气人口 3.3 亿人，天然气发电装机 5700 万 kW，建成压缩天然气/液化天然气（CNG/LNG）加气站 6500 座，船用 LNG 加注站 13 座。

5）技术创新和装备自主化取得突破进展。初步掌握了页岩气综合地质评价技术、3500m 以浅钻完井及水平井大型体积压裂技术等，桥塞实现国产化。形成了复杂气藏超深水平井的钻完井、分段压裂技术体系。形成了高煤阶煤层气开发技术体系，初步突破了煤矿采动区瓦斯地面抽采等技术。自主设计、建成了我国第一座深水半潜式钻井平台，具备了水深 3000m 的作业能力。国产 X80 高强度钢管批量用于长输管道建设，高压、大口径球阀开始应用于工程实践，大功率电驱和燃驱压缩机组投入生产使用。

此外，随着城乡距离拉近，乡村集镇的经济发展，液化石油气将成为天然气的有益补充。预计 2020 年全国液化石油气需求量将接近 $0.28×10^8$ t，年均增速在 2% 左右，消费结构仍以民用气为主，所占比例将保持在 60% 以上的水平。人工煤气在制取过程中严重污染环境、消耗大量煤炭，在运输过程中压力级制低、腐蚀管道，在使用过程中热值较低、毒性很大的缺陷，将逐步被天然气或液化石油气等清洁能源所取代，退出城镇燃气市场。

2. 燃气利用政策

城镇燃气在确定其发展方向时，应着重考虑其符合国家产业政策和能源政策、能够提高能源利用效率、优先供应城镇居民生活用气、有利于减少空气污染、有利于节约劳动力和城市运输量。

（1）在燃气发展时，应兼顾工业与民用，初期工业用气为主，逐渐发展民用；为使管网稳定运行，工业用户必须保持一定比例；发展一定数量的调峰用户。

（2）在发展居民、商业用气时要优先满足城镇居民炊事和生活热水的用气，尽量满足托幼、医院、旅馆、食堂和科研等公共建筑用气，人工煤气一般不供应采暖锅炉用气，如天然气充足，可发展燃气供暖和空调。

（3）在发展工业时确定对工业企业用户供气时应优先考虑：提高产品质量、增加产品产量，能降低生产过程造成的污染，可作为缓冲用户的企业。

（4）天然气供应立足国内，加大国内资源勘探开发投入，不断夯实资源基础，增加有效供应；构筑多元化引进境外天然气资源供应格局，确保供气安全。

（5）加强统筹规划，加快天然气主干管网建设，推进和优化支线等区域管道建设，打通天然气利用"最后一公里"，实现全国主干管网及区域管网互联互通。

（6）坚持高效环保、节约优先，提高利用效率，培育新兴市场，扩大天然气消费。加快推进调峰及应急储备建设，保障管道安全。以人为本，提高天然气安全保供水平，保障民生用气需求。

（7）加快油气体制改革进程，不断创新体制机制，推动市场体系建设，勘探开发有序准入，基础设施公平开放，打破地域分割和行业垄断，全面放开竞争性环节政府定价。

（8）加强行业监管和市场监管，明确监管职责，完善监管体系。自主创新与引进技术相结合。加强科技攻关和研发，积极引进勘探开发、储存运输等方面的先进技术装备，加强企业科技创新体系建设，在引进、消化和吸收的基础上，提高自主创新能力，依托重大项目加快重大技术和装备自主化。

（9）资源开发与环境保护相协调。处理好天然气发展与生态环境保护的关系，注重生产、运输和利用中的环境保护和资源供应的可持续性，减少环境污染。

1.2 城镇燃气的发展历史

1. 城镇燃气的发展

各国的城镇燃气发展大致上经历了从以煤制气为主阶段，发展到以油制气或煤、油制气混合应用阶段，然后发展到以天然气为主的阶段。

18世纪末开始生产煤制气并被利用。英国于1812年在伦敦建造了世界上第一个炼焦煤气厂。炼焦煤气最初主要用于照明，因此在很长时期内被称为"照明燃气"。直到1855年德国人Bunsen发明了引射式燃烧器，燃气才得到了广泛应用。

20世纪以来，由于煤在世界各国的燃料构成中所占的比重不断下降，石油和天然气的比重逐步上升，因此进行了用油作为原料进行制气的研究与生产。油制气比煤制气投资低售价也低，使燃气工业得到了飞速发展。

自20世纪60年代以来，天然气在世界燃料构成中的比重越来越大。天然气具有成本低、质量高和环境保护等一系列优点，自1970年以来其消费量一直以年均2.6%的增长率稳步增长，并正逐步取代煤炭在一次能源中的传统地位，已成为各工业发达国家的城市燃气的主要气源。

2. 我国城镇燃气的发展

我国近代城镇燃气则是从19世纪60年代开始，首先在上海，然后在东北若干城市建立了小型煤制气厂，供应城市煤气。这种情况一直延续到20世纪50年代。

20世纪60年代中期，大庆、大港、胜利等油田的开发和相应的炼油厂的建设给城市燃气工业带来了液化石油气和重油资源。许多城市开始应用液化石油气作为城市燃气气源，而一些大城市则以重油为原料发展城市燃气。

20世纪70年代末和20世纪80年代初，随着城市建设的发展，天津、南京、杭州等大中城市建设了采用连续式碳化炉工艺的煤制气厂，而苏州、无锡等一些中等城市则将附近炼焦厂的煤气净化以供应城市。但由于煤炭价格不断上涨，制气技术相对落后，燃气售价不能到位，多数煤制气厂在亏损状态下经营，再加上环保、资源等原因，使煤制气的发展在许多地区特别是沿海发达地区受到制约。

20世纪80年代中期以来，我国市场经济和国际贸易逐步发展，为沿海地区引进了液化石油气资源，有力地促进了这些地区城市燃气事业的发展，并使其逐步纳入市场经济的轨道。在此以前，我国液化石油气仅靠国内供应，不仅数量少，而且质量也不稳定，而国际市场上液化石油气资源丰富，质量稳定，价格合理。我国最先进口液化石油气的是华南沿海地区，然后是华东沿海地区。由于一开始就按国际价格和市场经济规律经营，上下游各个环节都获得利润，因而引起了各方面的经营兴趣，使液化石油气储配站和各级经营公司迅速发展，并从沿海伸向内地。在市场经济的带动下，国内液化石油气生产单位也增加了产量，改善了服务。这样，液化石油气很快成为我国当时发展民用燃气的主要资源，形成了供求平衡，甚至供大于求的局面。从长远观点来看，液化石油气只能满足民用炊事和制备热水需要，是一种过渡性的主气源。发达国家的主要燃气消费市场是工业、建筑物采暖和发电，如此大量的燃气消费并不是液化石油气所能承担的，必须依靠天然气来解决问题。

我国虽然最早使用天然气，但近代天然气的发展与发达国家相比却有很大差距。自1996年我国天然气产量首次突破 200 亿 m^3 之后，天然气产量进入了快速增长期。"九五"期间年均增幅达到 10%，2003 年 340 亿 m^3，2008 年达到 770 亿 m^3，2010 年突破 1000 亿 m^3，预计到 2030 年，天然气产量可以达到 2500 亿 m^3。

1.3 我国天然气存储与工程简介

根据 2015 年我国油气资源评价和全国油气资源动态评价，天然气地质资源量 90.3 万亿 m^3，可采资源量 50.1 万亿 m^3，与 2007 年评价结果相比，分别增加了 158% 和 127%。目前我国天然气探明储量集中在十个大型盆地，依次为：鄂尔多斯、四川、塔里木、渤海湾、松辽、柴达木、准格尔、莺歌海、渤海海域和珠江口。天然气资源总量中，西部地区占据 80%，东部占 8%，海域占 12%。

随着一批横贯东西、遍布南北的天然气输气干线相继建成，我国天然气利用地域范围大大拓宽，天然气发展进入了历史性的转折期。

据国家"十三五"规划研究，到 2020 年，我国长输管网总规模达 15 万 km 左右（含支线），输气能力达 4800 亿 m^3/a 左右；储气设施有效调峰能力为 620 亿 m^3 左右，其中地下储气库调峰 440 亿 m^3，LNG（液化天然气）调峰 180 亿 m^3；LNG 接收站投产 18 座，接收能力达 7440 万 t/a 左右；城市配气系统应急保障能力能达到 7d 左右。

1. 西气东输工程

西气东输工程西起新疆轮南，东至上海市白鹤镇，途径 10 个省、自治区、直辖市。经过戈壁沙漠、黄土高原、太行山脉，穿越汝河、淮河、长江等众多河流。线路全长约 4000km，设计年输气量 120 亿 m^3，管道投资约 435 亿元。西气东输工程于 2002 年 7 月 4 日正式开工建设。2003 年 10 月 1 日，靖边至上海段试运投产成功。2004 年 1 月 1 日正式向上海供气。2004 年 10 月 1 日全线建成投产。2004 年 12 月 30 日实现全线商业运营。

西气东输工程的目标市场在长江三角洲地区的江苏省、浙江省、上海市及沿途的河南省、安徽省等地。主要以城市燃气、工业燃料、发电及天然气化工为主要利用方向。

2. 川气东送工程

川气东送工程于 2007 年 8 月 31 日开工建设，输气干线自四川普光气田，经四川、重庆、湖北、安徽、江西、江苏、浙江后到达上海，全长 1702km，同时建设达州、承庆、南昌、南京、常州、苏州等地的供气专线、支线及相应储气设施，工程总投资 627 亿元，设计输气能力为每年 120 亿 m^3，增压后可达到 170 亿 m^3。

普光气田截至 2006 年底，累计探明天然气储量达到 3561 亿 m^3，具备了大规模开发的资源基础，它是川气东送工程的源头。天然气净化厂位于普光气田西面，它将天然气脱硫净化后外输。设计混合气处理能力 150 亿 m^3/a，年产净化气 120 亿 m^3、副产品硫磺 283 万 t。

川气东送管道横跨东中西部八个省市，要穿越三峡库区的鄂西渝东崇山峻岭，地面及地质条件十分复杂，且与沪蓉高速、达万铁路多次交叉、并行。此外，大型河流跨越工作量大，仅长江就要五次穿越。

3. 西气东输二线工程

西气东输二线工程于 2008 年 2 月 22 日开工，西起新疆霍尔果斯口岸，南至广州，东达上海，途经新疆、甘肃、宁夏、陕西、河南、湖北、江西、湖南、广东、广西、浙江、上海、江苏、安徽等 14 个省区市，管道主干线和八条支干线全长 9102km。工程设计输气能力 300 亿 m^3/a，总投资约 1420 亿元，2011 年前全线贯通，也是我国第一条引进境外天然气的燃气工程。

西气东输二线管道与拟建的中亚天然气管道相连，工程建成投运后，可将我国天然气消费比例提高 1 至 2 个百分点。这些天然气每年可替代 7680 万 t 煤炭，减少二氧化硫排放 166 万 t、二氧化碳排放 1.5 亿 t。可将我国新疆地区生产以及从中亚地区进口的天然气输往沿线中西部地区和长三角、珠三角地区等用气市场，并可稳定供气 30 年以上，对保障中国能源安全，优化能源消费结构具有重大意义。

4. 西气东输三线工程

西气东输三期工程，路线基本为从新疆通过江西抵达福建，把俄罗斯和中国西北部的天然气输往能源需求量庞大的长江三角洲和珠江三角洲地区。

西气东输三线的气源来自中亚，管道首站西起新疆霍尔果斯，途经甘肃、宁夏、陕西、河南、湖北、湖南、广东等省区，东达末站广东省韶关，设计年输气能力 300 亿 m^3。

"西三线"以中亚地区国外进口气和煤制气为气源，干线西起新疆霍尔果斯，东达广东省韶关，途经新疆、甘肃、宁夏、陕西、河南、湖北、湖南、广东 8 个省和自治区。

三线工程为 1 干 1 支，总长度为 4661km。干线长 4595km，与西气东输二线（简称"西二线"）并行约 3000km。支线为荆门—云应，长度为 66km。主干线设计输气能力 300 亿 m^3/a，设计年输气规模 300 亿 m^3。

5. 俄气南供

俄气南供工程规划从俄罗斯每年进口天然气 380 亿 m^3。俄气南供工程全长 4961km，其中俄罗斯境内占 1960km，中国境内占 3001km。整个工程拟分两期进行：一期工程由俄罗斯的科维克金气田和恰杨金气田引进天然气至中国内蒙古的满洲里后，再进一步伸延至北京和天津；二期工程，除把天然气继续引入东北几个主要城市外，还计划把部分天然气通过海底输油管转送至韩国的仁川。在我国，规划中的用气市场有黑龙江省、吉林省、辽宁省及环渤海地区的北京市、天津市、河北省及山东省等七省市。

6. 进口液化天然气

我国进口液化天然气项目始于 1995 年，当时国家计委曾委托中国海洋石油总公司（下称中海油）进行东南沿海 LNG 引进规划研究。1996 年 12 月，经过 1 年调研，中海油上报了《东南沿海地区利用 LNG 和项目规划报告》，为中国发展 LNG 产业奠定了一个框架性的基础。

1999 年 12 月，国家批准广东 LNG 试点工程立项，正式拉开了天然气登陆珠江三角洲的序幕。项目是将产自澳大利亚并通过 LNG 船运输来的 LNG，在位于深圳市大鹏镇秤头角的码头及接收站进行装卸、储存、气化。气化后的天然气通过 300 余 km 输气干线（一期），送至深圳、东莞、广州、佛山、香港五座城市和东部、前湾、美视、惠州、珠江五座电厂。广东 LNG 项目一期投资约 71.2 亿元，一期工程的设计能力为 370 万 t/a，工程主要包括两个 16 万 m^3 LNG 储罐以及与其配套的、全长 385km 的输气干线。

2006 年 6 月，广东液化天然气项目第一期工程正式投产，标志着中国规模化进口

LNG 时代的到来。

7. 近海钻探天然气及应用工程

近海钻探天然气与应用工程主要有南海、东海和渤海气田供气工程。

南海气田探明天然气储量 2565 亿 m^3。2006 年 6 月 16 日在南海深水区块 29/26 又发现一块巨大天然气田，潜在天然气储量 1132 亿～1700 亿 m^3，主要向海南和两广供应天然气。

东海天然气工程总体开发方案于 1995 年 9 月经国务院批准，总开发面积 240 km^2，首期开发面积约为 20 km^2。1999 年 4 月 8 日天然气投运，经置换、调试于 4 月 28 日正式向上海市民供气。2001 年 6 月 18 日，中国海洋石油总公司和中国石油化工集团公司共同签署了东海西湖凹陷天然气勘探开发合作协议，共同开发东海天然气，供应宁波等浙江城市。

渤南油田已探明天然气储量 225 亿 m^3，可采储量 108 亿 m^3，而新发现的 4 个油气田的天然气储量也非常丰富。1998 年起胶东半岛等城市开始与中国海洋石油总公司接触，当年 10 月，"中海"公司确定在龙口建一个年产 4 亿 m^3 天然气的终端处理厂。2002 年 4 月，双方签署框架协议。协议规定，到 2003 年底，全面完成利用渤海天然气供气工程，全线投产供气。工程完成后，就可以将天然气用管道输送到烟台市区及莱州、招远、龙口、蓬莱，用高压槽车把压缩天然气送到栖霞、莱阳、海阳。当这三个城市的用气量达到经济规模后再建设新的输气支线，最终实现烟台境内五区七市和沿线重点镇都通上管道天然气。

8. 煤层气利用

煤层气是与煤伴生的甲烷气体，俗称瓦斯。它是一种清洁、优质、高效的洁净能源，也是一种高热值的非常规天然气。国家已将其列为应重点勘察的非常规清洁能源。同时，煤层气又是井下瓦斯爆炸的祸源。勘探开发煤层气资源不仅可以减少井下瓦斯事故的发生，也可以减少瓦斯向大气的排放量，保护大气环境。

9. 页岩气利用

页岩气是蕴藏于页岩层可供开采的天然气资源，中国的页岩气可采储量较大。页岩气属于非常规能源。

页岩气的形成和富集有着自身独特的特点，往往分布在盆地内厚度较大、分布广的页岩烃源岩地层中。较常规天然气相比，页岩气开发具有开采寿命长和生产周期长的优点，大部分产页岩气分布范围广、厚度大，且普遍含气，这使得页岩气井能够长期地以稳定的速率产气。

我国页岩气资源潜力大，初步估计我国页岩气可采资源量在 36.1 万亿 m^3，与常规天然气相当，略少于浅煤层气地质资源量的约 36.8 万亿 m^3。

2011 年中国能源消费结构中，煤炭消费占比 70%，石油消费占比 18%，天然气占比仅为 5%。随着煤炭资源的消耗以及对清洁能源的日益重视，中国必然会加大天然气等清洁能源的开采和利用。到 2012 年，中国页岩气开发处于气藏勘探和初步开采试点阶段。截至 2012 年 4 月，国内共确定 33 个页岩气有利区，页岩气完井 58 口，其中水平井 15 口。随着页岩气勘探权逐步向民间开放，未来十年页岩气开发将有望迎来快速发展的"黄金十年"。到 2015 年末，仅页岩气开采阶段设备需求超过 150 亿元，至 2020 年末相关设备需求则超过 1000 亿元。

2 城镇燃气管网系统

2.1 城镇燃气管网输配系统

1. 城镇燃气管网系统构成

城镇燃气输配系统一般由门站、燃气管网、储气设施、调压设施、管理设施、监控系统等组成，主要包括：门站（或气源厂）、储配站（或其他调配设施）、过滤调压计量、若干级输气管网、分区分段控件阀件、调压设施、用户管网、用户计量、用气设备等。城镇燃气输配系统的规划设计，应符合城镇燃气总体规划，在可行性研究的基础上，做到远、近期结合，以近期为主，经技术经济比较后确定合理的方案。

2. 城镇燃气管网系统的分类

燃气管网可按用途、敷设方式、输气压力、管网形状、压力级制等分类。

（1）按用途分类

1）长距离输气管线

连接产量巨大的天然气田或人工气源场站与用气地区的输气管线，其干管及支管的末端连接城镇或大型工业企业，作为该供气区的气源点。如：陕京长输管道及西气东输管道。

2）城镇燃气管道

城镇燃气管道含分配管、引入管、庭院或室内管。

①分配管道：在供气地区将燃气分配给工业企业用户、商业用户和居民用户的管道，包括街区和庭院的燃气分配管道。

②用户引入管：将燃气从分配管道引到用户室内引入口处总阀门前的管道。

③室内燃气管道：通过用户管道引入口的总阀门将燃气引向室内，并分配到每个燃气用具的管道。

3）工业企业燃气管道

①工厂引入管和厂区燃气管道：将燃气从城镇燃气管道引入工厂，分送到各用气车间。

②车间燃气管道：从车间的管道引入口将燃气送到车间内各个用气设备（如窑炉）。车间燃气管道包括干管和支管。

③炉前燃气管道：从支管将燃气分送给炉上各个燃烧设备。

（2）按敷设方式分类

1）埋地管道

城市中的燃气管道一般采用埋地敷设，当燃气管道穿越铁路、公路时，有时需加设套管或管沟，因此有直接埋设及间接埋设两种。

2）架空管道

跨越障碍物或建构筑物的燃气管道或工厂厂区内的燃气管道，常采用架空敷设。一般城镇燃气管道不允许架空，少数城镇庭院管，因地下敷设有难度时，才允许架空敷设。工厂区内部燃气管道通常架空敷设，以方便运行管理和检修。

（3）按设计压力分类

燃气管道与其他管道相比，有特别严格的要求，因为管道漏气可能导致火灾、爆炸、中毒等事故。燃气管道中的压力越高，管道接头脱开、焊缝出现损坏，管道本身出现裂缝的可能性就越大。管道内压力不同时，对管材、安装质量、检验标准及运行管理等要求也不相同。

我国城镇燃气管道按燃气设计压力 P（MPa）分为七级，见表2-1。

燃气管道分级 表2-1

名 称		压力（MPa）
高压燃气管道	A	$2.5 < P \leqslant 4.0$
	B	$1.6 < P \leqslant 2.5$
次高压燃气管道	A	$0.8 < P \leqslant 1.6$
	B	$0.4 < P \leqslant 0.8$
中压燃气管道	A	$0.2 < P \leqslant 0.4$
	B	$0.01 \leqslant P \leqslant 0.2$
低压燃气管道		$P < 0.01$

燃气输配系统各种压力级制的燃气管道之间应通过调压装置相连。当有可能超过最大允许工作压力时，应设置防止管道超压的安全保护设备。

（4）按管网形状分类

1）环状管网

管段联成封闭的环状，输送至任一管段的燃气可以由一条或多条管道供气。环状管网是城镇输配管网的基本形式，在同一环中，输气压力处于同一级制。

2）枝状管网

以干管为主管，分配管呈树枝状由主管引出。在城镇燃气管网中一般不单独使用。

3）环枝状管网

环状与枝状管网混合使用的一种管网形式。

（5）按管网压力级制分类

城镇燃气管网系统根据所采用的管网压力级制不同可分为：

1）单级管网系统仅有一种压力级别（低压、中压、次高压或高压系统）的管网输配系统。

2）二级管网系统由两种压力等级的管网系统组成。

3）三级管网系统由低压、中压和次高压（或高压）三种压力级别组成的管网系统。

4）多级管网系统由低压、中压、次高压和高压多种压力级别组成的管网系统，图2-1。

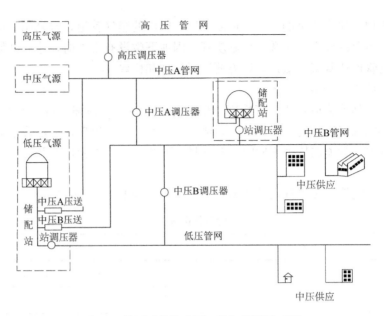

图 2-1 管网系统构成图（燃气管网平面图）

3. 城镇燃气管网系统的选择

（1）城镇燃气管网采用不同压力级制的原因

城镇燃气管网不仅应保证不间断地给用户供应可靠的用气，保证系统运行管理安全，维修简便，而且应考虑在检修成发生故障时，关断某些部分管段而不致影响其他系统的工作。因此，城镇燃气管网系统中，选用不同压力级具体有以下原因：

1）经济性：大部分燃气由较高压力的管道输送，管道的管径可以选得小一些，管道单位长度的压力损失可以选得大一些，以节省管材。如由城市的某一地区输送大量燃气到另一地区，则应采用较高的压力比较经济合理。有时对城市里的大型工业企业用户，可敷设压力较高的专用输气管线。当然管网内燃气的压力增高后，输送燃气所消耗的能量也随之增加。

2）各类用户对燃气压力的不同需求：如居民用户和商业用户需要低压燃气，而大多数工业企业则需要中压或次高压、甚至高压燃气。

3）消防安全要求：在城市未改建的老城区，建筑物比较密集，街道和人行道都比较狭窄，不宜敷设高压、次高压管道。此外，由于人口密度较大，从安全运行和方便管理的观点看，也不宜敷设高压、次高压管道，而只能敷设中压和低压管道。同时大城市的燃气输配系统的建造、扩建和改建过程是经过许多年的，所以在城市的老城区原先设计的燃气管道的压力，大都比近期建造的管道压力低。

（2）燃气管网系统的选择

1）气源情况：燃气的种类和性质、供气量和供气压力、气源的发展或更换气源的规划；

2）城市规模、远景规划情况、街区和道路的现状和规划、建筑特点、人口密度、居民用户的分布情况；

3）原有的城市供气设施情况；

4）对不同类型用户供气方针、气化率及不同类型用户对燃气压力的要求；

5）用气工业企业的数量和特点；

6）储气设备的类型；

7）城市地理地形条件，敷设燃气管道时遇到天然和人工障碍物（如河流、湖泊、铁路等）的情况；

8）城市地下管线和地下建筑物、构筑物的现状和改建、扩建规划。

设计城市燃气管网系统时，应全面综合考虑上述因素，进行技术经济比较，选用技术可行、工作可靠和经济合理的最佳方案。

（3）城镇燃气管网系统特点及示例

1）单级管网系统

①低压单级管网系统

低压气源以低压一级管网系统供给燃气的输配方式。低压供应方式有利用低压储气罐的压力进行供应和由低压压缩机（透平机）供应两种。低压供应原则上应充分利用储气罐的压力，只有当储气罐的压力不足，以致低压管道的管径过大而不合理时，才采用低压压缩机供应。

低压一级制管网系统的特点是：

A. 输配管网为单一的低压管网，系统简单，维护管理方便。

B. 无需压缩费用或只有很少的压缩费用。停电或压缩机故障基本上不妨碍供气，供气的可靠性好。

C. 对于供应区域大或供气量多的城镇，需要敷设较大管径的管道而不经济。

因此，低压供应方式一般只适用于供应区域小，供应范围在 2～3km 的小城镇或厂区。

②中压单级管网系统

中压单级管网，燃气自天然气长输管线（或点供站、气源厂等）送入城镇燃气储配站（或天然气门站），经调压（或加压）送入中压输气干管，再由输气干管送入配气管网。最后经柜式、箱式调压器或用户调压器送至用户燃具。

该系统减少了管材，故投资省，比中—低压二级管网系统节省管网投资 20% 左右。由于采用柜式、箱式调压器或用户调压器供气，可保证所有用户灶具在额定压力下工作，从而提高了燃烧效率。但该系统运行费用相对较高，安全距离控制、安装水平要求高，供应安全性也比低压单级管网差。

2）中—低压二级制管网系统

中压单级管网，燃气自天然气长输管线（或点供站、气源厂等）送入城镇燃气储配站（或天然气门站），经调压（或加压）送入中压输气干管，再通过区域调压器调压至低压，由低压管道供给燃气用户。在系统中设备储配站以调节小时用气不均匀性。

中—低压二级制管网系统的特点是：因输气压力高于低压供气，输气能力较大，可用较小的管径输送较多数量的燃气，以减小管网的投资费用。只要合理设置中—低压调压器，就能维持较为稳定的供气压力。

①中压 A—低压二级管网系统

常见的中型城市天然气管网系统，天然气由长输管线经燃气分配站送入城市，中压 A

管道连成环网，通过区域调压站向低压管网供气，通过专用调压站向工业企业供气。低压管网根据地形条件可分成几个互补连通的区域管网。该系统特点是输气干管管径较小，比中压 B—低压二级系统节省投资。如图 2-2 所示。

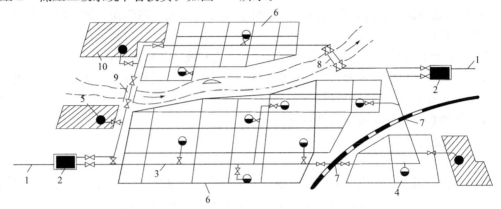

图 2-2　低、中压 A 两级管网系统

1—长输管线；2—城市燃气分配站；3—中压 A 管网；4—区域调压站；5—工业专用调压站；

6—低压管网；7—穿越铁路的配管敷设；8—穿越河底的过河管道；9—沿桥敷设的过河管道；10—工业企业

②中压 B—低压二级管网系统

一般中压 B—低压管网系统的气源是人工燃气，但也有少量是长输管线的门站，由气源来的燃气，经加压送入中压管网，再经区域调压站调压后送入低压管网。输配管网系统设有压缩机和调压器，因为维护管理复杂，运行费用较高。由于压缩机运转需要动力，一旦储配站停电或其他事故，将会影响正常供应。因此，中压供气及二级制管网系统适用于供应区域较大，供气量也较大，采用低压供应方式不经济的中型城镇。

设置在供气区的低压储气罐低压时由中压管网供气，高峰时，储气罐内的燃气输送给中压（经加压）或低压管网。该系统特点是采用低压配气，庭院管道在低压下运行比较安全，但投资也要比中压单级系统大，如图 2-3 所示。

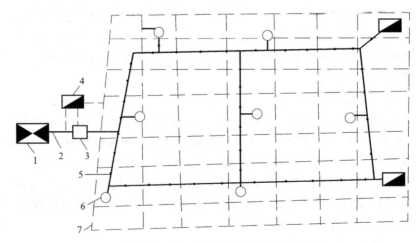

图 2-3　低、中压 B 两级管网系统

1—气源厂；2—低压管道；3—压气站；4—压低储气站；5—中压 B 管网；6—区域调压站；7—低压管网

3）高—中—低三级制管网系统

高（次高）压燃气从气源厂或城镇的天然气门站输出，由高压管网输气，经区域高—中压调压器调至中压，输入中压管网，再经区域中—低压调压器调成低压，由低压管网供应燃气用户。高—中—低压三级制管网系统的特点是：

①三级系统通常中低压两级，另外一级管网是高压或次高压。

②高（次高）压管道的输送压力较中压管道更大，所用管径更小。如果有高压气源，管网系统的投资和运行费用均较经济。

③采用管道储气或高压储气罐，可保证在短期停电等事故时供应燃气。

④三级制管网系统配置了多级管道和调压器，增加了系统运行维护的难度，如无高压气源，还需设置高压压缩机，压缩费用高。

因此，高—中—低压三级制管网系统适用于供应范围大、供气量也大，并需要较远距离输送燃气的场合，可节省管网系统的建设费用，使用天然气或高压气源更为经济。

从长输管线来的天然气先进入门站，经调压、计量后进入城镇次高压管网，然后经次高—中压调压站后，进入中压管网，最后经中低压调压站调压后送入低压管网。

系统高压（次高压）管道一般布置在郊区人口稀少地区，供气比较安全可靠，但系统复杂，维护管理不便，在同一条道路上往往要敷设两条不同压力等级的管道，见图2-4。

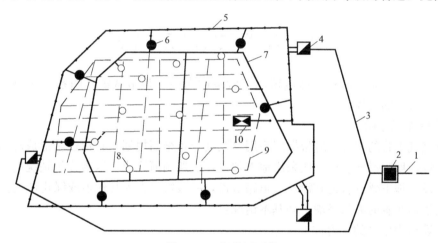

图 2-4　三级管网系统

1—长输管线；2—城市燃气分配站；3—郊区高压管道（1.2MPa）；4—储气站；5—高压管网；
6—高、中压调压站；7—中压管网；8—中低压调压站；9—低压管网；10—煤制气厂（门站）

4）多级管网系统

多级管网系统适用特大型城市，气源是天然气，城市的供气系统可采用高压储气管网、高压储气罐、LNG储罐等。

城市管网分为多级，各级管网分别组成环状。天然气由较高压力等级的管网经过调压站降压后进入较低压等级的管网，工业企业用户和大型商业用户与中压成中压A管网相连，居民用户和小型商业用户则与低压管网相连，如图2-5所示。

因为气源来自多个方向，主要管道均连成环网，从运行管理来看，该系统既安全又灵活。平衡用户用气量的不均匀性可以由缓冲用户、地下储气库、高压储气罐以及长输管线储气协调解决。

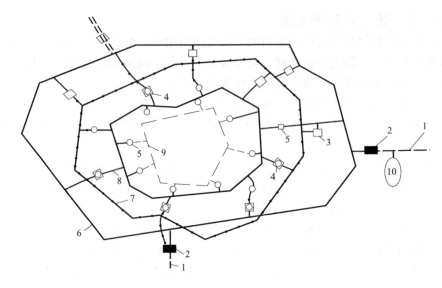

图 2-5　多级管网系统

1—长输管线；2—城市燃气分配站；3—调压计量站；4—储气站；5—调压站；
6—高压环网（2.0MPa）；7—高压 B 环管网；8—中压 A 环网；9—中压 B 环网；10—地下储气库

2.2　城镇燃气管网系统布置

城镇燃气管网系统的布置即城镇燃气管道的布线，是指城镇管网系统在原则选定之后，确定各管段的具体位置。

1. 管网布置原则

城镇燃气干管的布置，应根据用户用量及其分布全面规划，宜按逐步形成环状管网供气进行布置，城镇燃气管道一般采用地下敷设，当遇到河流或厂区敷设等情况时，也可采用架空敷设。地下燃气管道宜沿城镇道路敷设，一般敷设在人行便道或绿化带内。

燃气管道布置时必须考虑下列基本情况：

（1）管道中燃气的压力；

（2）街道及其他地下管道的密集程度与布置情况；

（3）街道交通量和路面结构情况，以及运输干线的分布情况；

（4）所输送燃气的含湿量，必要的管道坡度，街道地形变化情况；

（5）该管道相连接的用户数量及用气情况，该管道是主要管道还是次要管道；

（6）线路上所遇到的障碍物情况；

（7）土壤性质、腐蚀性能和冰冻线深度；

（8）管道在施工、运行和万一发生故障时，对交通和人民生活的影响；

（9）布线时，要决定燃气管道沿城市街道的平面与纵断面位置。

因此，布置管道时要确定燃气管道沿城镇街道的平面位置和在地表下的纵断位置（包括敷设坡度等）。

由于输配系统各级管网的输气压力不同，各自的功能也有区别，其设施和防火安全的要求也不同，故应按各自的特点布置。

2. 城镇燃气管网的平面布置原则

(1) 高压管网的平面布置

高压燃气管道不应通过军事设施、易燃易爆仓库、国家重点文物保护单位的安全保护区、飞机场、火车站、海（河）、港码头。当受条件限制管道必须在本款所列区域通过时，必须采用安全防护措施。对于城镇管道通过的地区，应按沿线建筑物的密集程度划分为四个地区等级，并依据地区等级作出相应的管道控制。城镇燃气管道地区等级的划分应符合下列规定：

1）沿管道中心线两侧各 200m 范围内，任意划分为 1.6km 长并能包括最多供人居住的独立建筑物数量的地段，作为地区分级单元。在多单元住宅建筑物内，每个独立住宅单元按一个供人居住的独立建筑物计算。

管道地区等级应根据地区分级单元内建筑物的密集程度划分，并应符合下列规定：

①一级地区：有 12 个或 12 个以下供人居住的独立建筑物。

②二级地区：有 12 个以上，80 个以下供人居住的独立建筑物。

③三级地区：介于二级和四级之间的中间地区。有 80 个和 80 个以上供人居住的独立建筑物但不够四级地区条件的地区、工业区或距人员聚集的室外场所 90m 内铺设管线的区域。

④四级地区：4 层或 4 层以上建筑物（不计地下室层数）普遍且占多数、交通频繁、地下设施多的城市中心城市（或镇的中心区域等）。

2）二、三、四级地区的长度可按如下规定调整：

①四级地区的边界线与最近地上 4 层或 4 层以上建筑物不应小于 200m。

②二、三级地区垂直于管道的边界线距该级地区最近建筑物不应小于 200m。

3）确定城镇燃气管道地区等级，宜按城市规划为该地区今后发展留有余地。

一级或二级地区地下燃气管道与建筑物之间的水平净距不应小于表 2-2 的规定。

一级或二级地区地下燃气管道与建筑物之间的水平净距（m）　　　　　表 2-2

燃气管道公称直径 DN（mm）	地下燃气管道压力（MPa）		
	1.61	2.50	4.00
900<DN≤1050	53	60	70
750<DN≤900	40	47	57
600<DN≤750	31	37	45
450<DN≤600	24	28	35
300<DN≤450	19	23	28
150<DN≤300	14	18	22
DN≤300	11	13	15

注：1. 如果燃气管道强度设计系数不大于 0.4 时，一级或二级地区地下燃气管道与建筑之间的水平净距可按表 2-2 确定。

2. 水平净距是指管道外壁到建筑物出地面处外墙面的距离。建筑物是指平常有人的建筑物。

3. 当燃气管道压力与表中数不相同时，可采用直线方程内插法确定水平净距。

三级地区地下燃气管道与建筑物之间的水平净距不应小于表 2-3 的规定。

三级地区地下燃气管道与建筑物之间的水平净距（m）　　　　　表 2-3

燃气管道公称直径和壁厚 δ（mm）	地下燃气管道压力（MPa）		
	1.61	2.50	4.00
A. 所有管径 $\delta<9.5$	13.5	15.0	17.0
B. 所有管径 $9.5\leqslant\delta<11.9$	6.5	7.5	9.0
C. 所有管径 $\delta\geqslant11.9$	3.0	3.0	3.0

注：1. 如果对燃气管道采取行之有效的保护措施，$\delta<9.5$mm 的燃气管道也可采用表中 B 行的水平净距。

2. 水平净距是指管道外壁到建筑物出地面处外墙面的距离。建筑物是指平常有人的建筑物。

3. 燃气管道压力表中数不相同时，可采用直线方程内插法确定水平净距。

高压燃气管道不宜进入四级地区；当受条件限制需要进入或通过四级地区时，应遵守下列规定：

①高压 A 地下燃气管道与建筑物外墙面之间的水平净距不应小于 30m（当管壁厚度 $\delta\geqslant9.5$mm 或对燃气管道采取有效的保护措施时，不应小于 15m）；

②高压 B 地下燃气管道与建筑物外墙面之间的水平净距不应小于 16m（当管壁厚度 $\delta\geqslant9.5$mm 或对燃气管道采取有效的保护措施时，不应小于 10m）；

③管道分段阀门应采用遥控或自动控制。

在高压燃气支管的起点处，应设置阀门，在高压燃气干管上，应设置分段阀门，分段阀门的最大间距：以四级地区为主管段不应大于 8km；以三级地区为主的管段不应大于 13km；以二级地区管段不应大于 24km；以一级地区为主的管段不应大于 32km。高压燃气管道阀门的选用应符合有关国家现行标准。应选择适用于燃气介质的阀门。需要通过清管器或电子检管的阀门，应选用全通径阀门。

（2）次高压、中压管网的平面布置

次高压管网的主要功能是输气，中压管网的功能则是输气并兼有向低压管网配气的作用。一般按以下原则布置：

1）次高压燃气管道宜布置在城镇边缘或城镇内有足够埋管安全距离的地带，并应连接成环网，以提高次高压管道供气的可靠性。

2）中压管道应布置在城镇用气区便于与低压环网连接的规划道路上，但应尽量避免沿车辆来往频繁或闹市区的主要交通干线敷设，否则对管道施工和管理维修造成困难。

3）中压管网应布置成环网，以提高其输气和配气的可靠性。

4）次高压、中压管道的布置，应考虑对大型用户直接供气的可能性，并应使管道通过这些地区时尽量靠近这类用户，以利于缩短连接支管的长度。

5）次高压、中压管道的布置应考虑调压站的布点位置，尽量使管道靠近各调压站，以缩短连接支管的长度。

6）长输次高压管线不得与单个居民用户连接。

7）由次高压、中压管道直接供气的大型用户，其支管末端必须考虑设置专用调压站。

8）从气源厂连接次高压或中压管网的管道应尽量采用双线敷设。

9）为便于管道管理、维修或切断气源，次高压、中压管道在下列地点需装设阀门：

①气源厂的出口；

②储配站、调压站的进出口；

③支管的起点；

④重要的河流、铁路两侧（枝状管线在气流来向的一侧）；

⑤管线应设置分段阀门，一般1～2km设1个阀门。

10）次高压、中压管道应尽量避免穿越铁路或河流等大型障碍物，以减少工程量和投资。

11）次高压、中压管道是城镇输配系统的输气和配气主要干线，必须综合考虑近期建设与长期规划的关系，尽量减少建成后改线，增大管径或增设复线的工程量，延长已经敷设的管道的有效使用年限。

12）当次高压、中压管道初期建设的实际条件只允许布置成半环形，甚至为枝状管时，应根据发展规划使之与规划环网有机联系，防止以后出现不合理的管网布局。

（3）低压管网的平面布置

低压管网的主要功能是从城镇供气系统中最基本的管网直接向各类用户配气。低压管网的布置一般应考虑以下各点：

1）低压管道的输气压力低，沿程压力降的允许值也比较低，故低压管网成环时边长一般控制在300～600m之间。

2）低压管道允许枝状布置：为保证和提高低压管网的供气可靠性，给低压管网供气的相邻调压站之间的管道应成环布置。

3）有条件时低压管道应尽可能布置在街坊内兼作庭院管道，以节省投资。

4）低压管道一般沿街道的一侧敷设，也可以双侧敷设。在有轨电车通行的街道上，当街道宽度大于20m，横穿街道的支管过多或输配气量较大时，限于条件不允许敷设大口径管道时，可采用低压管道双侧敷设。

5）低压管道应按规划道路布线，并应与道路轴线或建筑物方向相平行，尽可能避免在高级路面下敷设。

6）低压管道一般仅在调压站出口设置阀门，其余可不设置阀门。

为了保证燃气管网的运行安全，保证施工和检修时相邻管道的正常运行，避免由于泄漏出的燃气影响相邻管道的正常运行甚至溢入建筑物内，地下燃气管道与建、构筑物以及其他管道之间应保持必要的水平净距，见表2-4。

地下燃气管道与建筑物、构筑物或相邻管道之间的水平净距（m） 表2-4

项 目		地下燃气管道压力（MPa）				
		低压	中压		次高压	
		<0.01	B ≤0.2	A ≤0.4	B 0.8	A 1.6
建筑物	基础	0.7	1.0	1.5	—	—
	外墙面（出地面处）	—	—	—	5.0	13.5

续表

项 目		地下燃气管道压力（MPa）				
		低压 <0.01	中压		次高压	
			B ≤0.2	A ≤0.4	B 0.8	A 1.6
给水管		0.5	0.5	0.5	1.0	1.5
污水、雨水排水管		1.0	1.2	1.2	1.5	2.0
电力电缆（含电车电缆）	直埋	0.5	0.5	0.5	1.0	1.5
	在导管内	1.0	1.0	1.0	1.0	1.5
通信电缆	直埋	0.5	0.5	0.5	1.0	1.5
	在导管内	1.0	1.0	1.0	1.0	1.5
其他燃气管道	$DN≤300mm$	0.4	0.4	0.4	0.4	0.4
	$DN>300mm$	0.5	0.5	0.5	0.5	0.5
热力管	直埋	1.0	1.0	1.0	1.5	2.0
	在管沟内（至外壁）	1.0	1.5	1.5	2.0	4.0
电杆（塔）的基础	≤35kV	1.0	1.0	1.0	1.0	1.0
	>35kV	2.0	2.0	2.0	5.0	5.0
通信照明电杆（至电杆中心）		1.0	1.0	1.0	1.0	1.0
铁路路堤坡脚		5.0	5.0	5.0	5.0	5.0
有轨电车钢轨		2.0	2.0	2.0	2.0	2.0
街树（至树中心）		0.75	0.75	0.75	1.2	1.2

目前地下空间布置的各种管线越来越密集，燃气管道的施工质量、管理水平也越来越好，国家对于安全距离的管控正逐步向西方发达国家学习，未来地下燃气管道与建筑物、构筑物或相邻管道之间的水平净距还有进一步缩小的可能。

3. 管道的纵断面布置原则

决定管道的纵断面布置时，要考虑以下几点：

（1）管道的埋深

地下燃气管道埋设深度，宜在土壤冰冻线以下，管顶覆土厚度还应满足下列要求：

1）埋设在车行道下时，不得小于 0.9m；

2）埋设在非机动车车道（含人行道）下时，不得小于 0.6m；

3）埋设在机动车不可能到达的地方时，不得小于 0.3m，聚乙烯管道不得小于 0.5m；

4）埋设在水田下时，不得小于 0.8m。

当采取行之有效的防护措施后，上述规定均可适当降低。输送湿燃气的燃气管道，应埋设在土壤冰冻线以下。

（2）管道的坡度及凝水缸的设置

在输送湿燃气（人工燃气、液化石油气，天然气含湿量一般为干燃气）的管道中，不可避免有冷凝水或轻质油，为了排除出现的液体，需在管道低处设置凝水缸，各凝水缸之间间距一般不大于 500m。输送湿燃气的管道应有不小于 0.003 的坡度，且坡向凝水缸。

（3）地下燃气管道不得从建筑物（包括临时建筑物）下面穿过，不得在堆积易燃、易爆材料和具有腐蚀性液体的场地下穿越，并不能与其他管线或电缆同沟敷设。当需要同沟敷设时，必须采取防护措施。

（4）一般情况下，燃气穿越管道（如因特殊情况需要穿过其他大断面管道污水干管、雨水干管等或联合地沟、隧道及其他各种用途沟槽）时，需征得有关方面同意，同时套管伸出构筑物外壁不应小于表 2-4 中燃气管道与该构筑物的水平净距。套管两端应采用柔性的防腐、防水材料密封。

（5）地下燃气管道与其他管道或构筑物之间的最小垂直间距应符合表 2-5 的要求。

地下燃气管道与构筑物或相邻管道之间垂直净距（m）　　　　　表 2-5

项　目		地下燃气管道（当有套管时，以套管计）
给水管、排水管或其他燃气管道		0.15
热力管的管沟底（或顶）		0.15
电缆	直埋	0.50
	在导管内	0.15
铁路轨底		1.20
有轨电车（轨底）		1.00

如受地形限制无法满足表 2-4 和表 2-5 时，经与有关部门协商，采取有效的安全防护措施后，表 2-4 和表 2-5 规定的净距，均可适当缩小，但低压管道应不影响建（构）筑物和相邻管道基础的稳固性，中压管道距建筑物基础不应小于 0.5m 且距建筑物外墙面不应小于 1m，次高压燃气管道距建筑物外墙面不应小于 3.0m。其中当对次高压 A 燃气管道采取有效的安全防护措施或当管道壁厚不小于 9.5mm 且小于 11.9mm 时，管道距建筑物外墙面不应小于 6.5m；当管壁厚度不小于 11.9mm 时，管道距建筑物外墙面不应小于 3.0m。表 2-4 和表 2-5 规定除地下室燃气管道与热力管的净距不适于聚乙烯燃气管道和钢骨架聚乙烯塑料复合管外，其他规定也均适用于聚乙烯燃气管道和钢骨架聚乙烯塑料复合管道。聚乙烯燃气管道与热力管道的净距应按现行城市建设行业标准《聚乙烯燃气管道工程技术规程》CJJ 63 执行。

4. 城镇燃气管网的穿跨越、安全防护等特殊措施

燃气管道穿越铁路、高速公路、电车轨道和城镇交通干道一般采用地下穿越，而在矿区和工厂区，一般采用架空敷设，燃气管道宜垂直穿越铁路、高速公路、电车轨道和城镇主要干道。

（1）燃气管道穿越高速公路、电车轨道和城镇交通干道宜敷设在套管或地沟内。

套管内径应比燃气管道外径大 100mm 以上，套管两端与燃气管的间隙应采用柔性的

防腐、防水材料密封，其一端应装设检漏管；套管端部距电车道边轨不应小于 2.0m；距道路边缘不应小于 1.0m。

(2) 燃气管道穿越铁路

燃气管道穿越铁路时，套管宜采用钢管或钢筋混凝土管，套管内径比燃气管道外径大 100mm 以上，套管两端与燃气管的间隙应采用柔性的防腐、防水材料密封，其一端应装设检漏管，套管埋设的深度：铁路轨底至套管顶不应小于 1.20m，套管端部距路堤坡脚外距离不应小于 2.0m。

(3) 燃气管道架空敷设

室外架空的燃气管道，可沿建筑物外墙或支架敷设。架空敷设时，管道支架应采用难燃或不燃材料制成，并在任何可能的荷载、应力情况下，能保证管道的稳定与不受破坏。

中压和低压燃气管道，可沿建筑耐火等级不低于二级的住宅或公共建筑物的外墙敷设；次高压 B、中压和低压燃气管道，可沿建筑耐火等级不低于二级的丁、戊类生产厂房的外墙敷设。沿建筑物外墙敷设的燃气管道距住宅或公共建筑物门、窗洞口的净距：中压管道不应小于 0.5m，低压管道不应小于 0.3m。燃气管道距生产厂房建筑物门、窗洞口的净距不限。架空燃气管道与铁路、道路、其他管线交叉时的垂直净距不应小于表 2-6 的规定。

架空天然气管道与铁路、道路、其他管线交叉时的垂直净距　　　　表 2-6

建筑物和管线名称		最小垂直净距（m）	
		燃气管道下	燃气管道上
电气化铁路轨顶		11.0	—
铁路轨顶		6.0	—
城市道路路面		5.5	—
厂区道路路面		5.0	—
人行道路路面		2.2	—
架空电力线，电压	3kV 以下	—	1.5
	3~10kV	—	3.0
	35~66kV	—	4.0
其他管道，管径	≤300mm	同管道直径，但不小于 0.10	同左
	>300mm	0.30	0.30

(4) 燃气管道穿（跨）越河流

燃气管道通过河流时，可采用穿越河底或采用管桥跨越的形式。当条件许可也可利用道路桥梁跨越河流。

1) 河底穿越河流

河底穿越河流燃气管道宜采用钢管，天然气管道至河床的覆土厚度，应根据水流冲刷条件及规划河床确定。对不通航河流不应小于 0.5m；对通航的河流不应小于 1.0m，还应考虑疏浚和投锚深度，在埋设天然气管道位置的河流两岸上、下游应设立标志，并优先使用标志桩。水域开挖穿越管段管道与桥梁基础的水平净距不应小于1.5m，并应满足桥梁检修和燃气管线施工、维修所需空间，且不应影响桥梁墩台安全，除满足上述要求外，还应征得桥梁等管理部门的批准。

为防止水下穿越管道产生浮管现象，穿越河流燃气管道必须进行稳管措施。稳管的形式有混凝土配重块、管外壁水泥灌注覆盖层、修筑抛石坝、管线下游打桩、复壁环形空间灌注水泥砂浆等。

穿越或跨越重要河流的天然气管道，在河流两岸还均应设置阀门。

2）沿桥架设

在相关部门同意后，还可以将燃气管道架设在已有的桥梁上。

随桥梁跨越河流的燃气管道只允许输送天然气，其管道的输送压力不应大于0.4MPa。敷设于桥梁上的天然气管道应采用加厚的无缝钢管或焊接钢管，尽量减少焊缝，对焊缝进行100%超声波和100%射线无损检验。跨越通航河流的天然气管道底标高，应符合通航净空的要求，管架外侧应设置防撞设施。管道应设置必要的补偿和减震措施，在条件允许时宜优先采用自然补偿。对管道应做较高等级的防腐保护。对于采用阴极保护的埋地钢管与随桥管道之间应设置绝缘装置。跨越河流的天然气管道的支座（架）应采用不燃烧材料制作。天然气管道支架允许的最大跨距，应同时满足管道刚度和强度的要求。

3）管桥敷设

管桥敷设又称桁架，其基本要求是燃气管道随桥梁架设。

（5）水平定向钻及顶管穿越

水平定向钻和顶管穿越是燃气管网中常用的非开挖穿越方式，主要用于穿越公路、铁路、道路、河流、湖泊等障碍物。

水平定向钻在业界也称为拉管，主要工序：导向—扩孔—注浆—回拖布管。主要适用于穿越距离较长、穿越深度较深，对高程控制不是很严格的工程。顶管主要工序：顶进—出土—下管—顶进。其单位距离造价较高，适用对高程控制要求较高、穿越距离不是很大的地区。

水平定向钻法穿越，适宜在黏土、砂土、粉土、风化岩等地质穿越，不宜于卵石层中穿越。若出土或入土侧有卵石层必须通过的，应采取开挖、下套管等措施。穿越管段的入出土角选择时，应根据穿越长度、穿越深度和管道弹性敷设条件综合确定，入土角宜为8°～18°，出土角宜为4°～12°。可适当调整入土角、出土角的大小。穿越的曲率半径应符合设计要求。钢管的曲率半径不宜小于1500D，且不得小于1200D。PE管的曲率半径不得小于500D。

水平定向钻法穿越河流时，天然气管道至规划河床的覆土厚度，应根据水流冲刷、疏浚和抛锚等要求确定，一般不宜小于3m。穿越管段与桥梁墩台冲刷坑外边缘的水平净距一般不宜小于10m。当穿越小型水域（水沟）且天然气管道设计压力等于0.4MPa时，水平净距不应小于4.5m。

顶管法穿越时，宜在淤泥质黏土、粉土及沙土中穿越。顶进管道上部的覆土层厚度，应根据建（构）筑物、地下管线、水文地质条件等因素确定，不宜小于管道外径的3倍，且应符合国家现行《城镇燃气设计规范》GB 50028的有关规定。顶进管道和内穿天然气管道之间宜设检漏管，套管两端应采用柔性的防腐、防水材料将顶进套管和燃气管道的间隙密封，密封长度应大于 200mm。

2.3 燃气供应系统

1. 燃气供应系统的构成及一般规定

城镇建筑燃气供应系统从用户角度看主要可以分为居民建筑燃气供应系统、商业建筑燃气工业系统、工业建筑燃气供应系统等。

燃气供应系统的构成，随城市燃气系统的供气方式不同而有所变化，一般由用户引入管、立管、水平干管、用户支管、燃气计量表、燃具连接管和燃气用具所组成。这样的系统构成是用气建筑直接连接在城市的低压管道上。近来，我国一些城市也有采用中压进户表前调压的燃气（天然气、液化石油气）供气系统，这样的系统在居民户内又增加了调压装置，当这样的系统安全性较低压入户差，一般不推荐使用。室内燃气管道的最高压力不应大于表 2-7 的规定。

用户室内燃气管道的最高压力（表压 MPa）　　　　　　　　表 2-7

燃气用户		最高压力
工业用户	独立、单层建筑	0.8
	其他	0.4
商业用户		0.4
居民用户（中压进户）		0.1
居民用户（低压进户）		<0.01

注：1. 液化石油气管道的最高压力不应大于 0.14MPa；
　　2. 管道井内的燃气管道的最高压力不应大于 0.2MPa；
　　3. 室内燃气管道压力大于 0.8MPa 的特殊用户应按有关专业规范执行。

各建筑内燃气系统的应遵守的一些强制性要求：

（1）燃气引入管不得敷设在卧室、卫生间、易燃或易爆品的仓库、有腐蚀性介质的房间、发电间、配电间、变电室、不使用燃气的空调机房、通风机房、计算机房、电缆沟、暖气沟、烟道和进风道、垃圾道等地方。

（2）住宅燃气引入管宜设在厨房、走廊、与厨房相连的封闭阳台内（寒冷地区输送湿燃气时阳台应封闭）等便于检修的非居住房间内。当确有困难，可从楼梯间引入，但应采用金属管道且引入管阀门宜设在室外。

（3）燃气引入管宜沿外墙地面上穿墙引入。室外露明管段的上端弯曲处应加不小于 DN15 清扫用三通和丝堵，并做防腐处理。寒冷地区输送湿燃气时应保温。引入管可埋地穿过建筑物外墙或基础引入室内。当引入管穿过墙或基础进入建筑物后应在短距离内出室内地面，不得在室内地面下水平敷设。

（4）燃气引入管穿过建筑物基础、墙或管沟时，均应设置在套管中，并应考虑沉降的影响，必要时应采取补偿措施。套管与基础、墙或管沟等之间的间隙应填实，其厚度应为被穿过结构的整个厚度。套管与燃气引入管之间的间隙应采用柔性防腐、防水材料密封。

(5) 燃气立管不得敷设在卧室或卫生间内。立管穿过通风不良的吊顶时应设在套管内。燃气水平干管和立管不得穿过易燃易爆品仓库、配电间、变电室、电缆沟、烟道、进风道和电梯井等。

(6) 地下室、半地下室、设备层和地上密闭房间(包括地上无窗或窗仅用作采光的密闭房间等)敷设燃气管道时,其净高不宜小于 2.2m,应采用非燃烧体实体墙与电话间、变配电室、修理间、储藏室、卧室、休息室隔开。应按规定相应的设置燃气监控设施。并应有良好的通风设施,房间换气次数不得小于 3 次/h;并应有独立的事故机械通风设施,其换气次数不应小于 6 次/h。应有固定的防爆照明设备。地下室内燃气管道末端应设放散管,并应引出地上。放散管的出口位置应保证吹扫放散时的安全和卫生要求。

(7) 输送干燃气的室内燃气管道可不设置坡度。输送湿燃气(包括气相液化石油气)的管道,其敷设坡度不宜小于 0.003。

(8) 室内燃气管道与电气设备、相邻管道之间的净距不小于表 2-8 的规定。

室内燃气管道与电气设备、相邻管道之间的净距　　　表 2-8

管道和设备		与燃气管道的净距 (cm)	
		平行敷设	交叉敷设
电气设备	明装的绝缘电线或电缆	25	10 (注)
	暗装或管内绝缘电线	5 (从所做的槽或管子的边缘算起)	1
	电压小于 1000V 的裸露电线	100	100
	配电盘或配电箱、电表	30	不允许
	电插座、电源开关	15	不允许
相邻管道		保证燃气管道和相邻管道的安装和维修	2

注:当明装电线加绝缘套管且套管的两端各伸出燃气管道 10cm 时,套管与燃气管道的交叉净距可降至 1cm。

2. 一般民用建筑的燃气供应系统

民用建筑的燃气供应系统一般由用户引入管、立管、水平干管、用户支管、燃气计量表、燃具连接管和燃气用具所组成,见图 2-6。

(1) 引入管

用户引入管是指从室外配气支管(庭院管)引向用户室内燃气总阀门(当无总阀门时,指室内地面 1m 高处)之间的管道。

用户引入管与城市或庭院管道连接,在分支管处设阀门。输送湿燃气的引入管一般由地下引入室内,当采取防冻措施时也可由地上引入。输送湿燃气的引入管应有不小于 0.01 的坡度,坡向室外管道。在非采暖地区输送干燃气,且管径不大于 75mm 时,可由地上引入室内。

1) 引入管宜沿外墙地面上穿墙引入。地上引入管与建筑物外墙之间的净距宜为 100~120mm。

室外管段的上端弯曲处应加不小于 *DN*15 清扫用三通和丝堵,并做防腐处理。寒冷地区输送湿燃气时还应做保温。

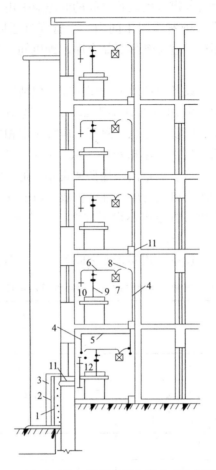

图 2-6　房建天然气管道敷设与供应系统剖面图

1—用户引入管；2—砖台；3—保温层；4—立管；5—水平干管；6—用户支管；7—计量表；
8—表前阀；9—灶具连接管；10—天然气灶；11—套管；12—燃气热水器接头

①多层建筑的引入管一般采用矮立管进户。进户管高度宜在±0.000m 建筑物以上 0.3～0.5m。一次等高后先沿外墙接出 0.3～0.5m 长的水平短管，然后穿墙引入室内。在矮立管上端应加清扫用三通（进户三通）和丝堵或盲板。

②设有金属软管的一次登高管，其高度宜控制在 0.6～0.8m。当引入管立管上设有阀门时，阀门应设在金属软管之前，金属软管的高度宜控制在 1.0～1.2m。

③设有架空楼前管的建筑物宜采用二次登高管，其高度根据建筑物立面的形式确定。

2）引入管也可埋地穿过建筑物外墙或基础引入室内。燃气相对密度大于 0.75 且建筑物底层地面采用架空板（建筑物一层地面下方有空间），不得将燃气管道从建筑物 ±0.000m 以下穿墙或基础引入室内。

引入管穿过墙或基础进入建筑物后应在短距离内伸出室内地面，并靠实体墙固定，不得在室内地下水平敷设。

输送湿燃气的引入管，埋设深度应在土壤冰冻线以下，并应有不小于 0.01 坡向室外管道的坡度。

3）燃气引入管穿墙前后的管段与其他管道的水平净距应满足安装和维修的需要。与地下管沟或下水道距离较近时，应采取行之有效的防腐措施。

4）燃气引入管穿过建筑物基础、墙或管沟时，均应设置在套管中，并应考虑沉降的影响，必要时应采取补偿措施。

套管与引入管之间的间隙应采用柔性防腐、防水材料密封。

对于高层建筑等沉降量较大的地方。还应采用补偿措施。一般建筑物设计沉降量大于50mm 以上的燃气引入管，根据情况可采取如下保护措施：加大引入管穿墙处的预留洞尺寸；引入管穿墙前水平或垂直弯曲两次以上；引入管穿墙前设置金属柔性管或波纹补偿器。

5）住宅燃气引入管宜设在厨房、外走廊、与厨房相连的封闭阳台内（寒冷地区输送湿燃气时阳台应封闭）等便于检修的非居住房间内，商业用户的燃气引入管宜设在使用燃气的房间或燃气表间内。

6）燃气引入管不得敷设在卧室、浴室（卫生间）、易燃或易爆品的仓库等。

7）引入管阀门设置。

①根据当地的气象条件和管理方的要求可设在室内，也可设在室外。

重要用户和中压进户的用户，应同时在室内和室外设置阀门。

②当住宅（高层居住除外）燃气引入管从楼梯间引入时，应采用金属管道且引入管阀门应设在室外。

8）燃气引入管的最小公称直径，应符合下列要求：

①人工燃气和矿井气不应小于 $DN25$；

②天然气不应小于 $DN20$；

③气态液化石油气不应小于 $DN15$。

9）引入管应直接引入用气房间（如厨房）内，不得敷设在卧室、浴室、厕所、易燃易爆物仓库、有腐蚀性介质的房间、变配电间、电缆沟及烟（风）道内。

10）住宅燃气引入管宜设在厨房、外走廊、与厨房相连的阳台内等便于检修的非居住房间内，当确有困难时，可从楼梯间引入，但高层建筑除外，并应采用金属管道且引入管上阀门宜设在室外。

11）当引入管穿越房屋基础或管沟时，应预留孔洞，并加套管，间隙用油麻、沥青或环氧树脂填塞。管顶间隙应不小于建筑物最大沉降量。当引入管沿外墙翻身引入时，其室外部分应采取适当的防腐、保温和保护措施。

（2）立管

立管是将燃气由水平干管（或引入管）分送到各层的管道。立管宜明装。立管一般敷设在厨房、走廊或楼梯间内。每一立管的顶端和底端设丝堵三通，作清洗用，其直径不小于25mm。当由地下室引入时，立管在第一层应设阀门，阀门应设于室内。对重要用户，应在室外另设阀门。

一般居民住宅燃气立管宜设置在用户厨房或与厨房连接的阳台内，当确实条件受限时，也可设置在沿厨房外墙外。

当立管上有进户支管时，宜先经过一段与墙面平行的水平管段过渡后再进入户内。

室内立管的一般还应遵循以下的原则：

1）一般室内燃气立管应布置在用气房间靠近实体墙的角落里。

2）燃气立管宜明设，当敷设在管道竖井内时，燃气管道应便于安装和检修。可与空气、惰性气体、上下水机热力管道等设在一个公用竖井内，不得与电线、电气设备或氧气管、进风管、回风管、排气管、排烟管及垃圾道等共用一个竖井。竖井内燃气管道应涂黄色防腐识别漆。

3）立管的下端应装丝堵，其直径一般不小于$DN25$。

4）燃气立管端点的位移较大时，应采取补偿措施，高层建筑的燃气立管应有承受其自重和热伸缩推力的固定支架和活动支架。

（3）水平干管

引入管连接多根立管时，应设水平干管。水平干管可沿楼梯间或辅助间的墙壁敷设，不宜穿过建筑物的沉降缝，不得暗设于地下土层或地面混凝土层内。管道经过的楼梯和房间应有良好的通风。

（4）套管

立管通过各层楼板处应设套管。套管高出地面至少50mm，套管与立管之间的间隙用油麻填堵，沥青封口。

立管在一幢建筑中一般不改变管径，直通上面各层。

（5）用户支管

由立管引向各单独用户计量表及燃气用具的管道为用户支管。支管穿墙时也应有套管保护。

室内燃气管道一般宜明装。当建筑物或工艺有特殊要求时，也可以采用暗装，但必须敷设在有人孔的闷顶或有活盖的墙槽内，以便安装和检修，暗装部分不宜有接头。

室内燃气管道不应敷设在潮湿或有腐蚀性介质的房间内。当必须穿过该房间时，则应采取防腐措施。

室内燃气管道敷设在可能冻结的地方时，应采取防冻措施。

用气设备与燃气管道可采用硬管连接或软管连接，软管宜优先采用燃气用不锈钢金属软管，也可采用燃气专用的橡胶软管。当采用软管时，其长度不应超过2m；当使用液化石油气时，应选用耐油软管。

室内燃气管道力求设在厨房内，穿过过道、厅（闭合间）的管段不宜设置阀门和活接头。

3. 高层及超高层建筑燃气供应系统

对于高层及超高层建筑的室内天然气管道系统一般同一般民用建筑，但他又与一般的民用建筑有所不同还需要考虑三个特殊问题。

（1）补偿高层建筑的沉降

高层建筑物自重大，沉降量显著，易在引入管处造成破坏。可在引入管处安装伸缩补偿接头以消除建筑物沉降的影响。伸缩补偿接头有波纹管接头、套筒接头和软管接头等形式。图2-7为引入管的软管补偿接头，建筑物沉降时由软管吸收变形，以避免破坏。软管前装阀门，设在阀门井内，便于检修。

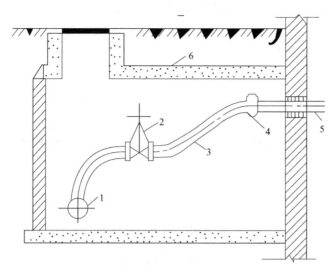

图 2-7　引入管的软管接头

1—庭院管道；2—阀门；3—软管；4—法兰；5—穿墙管；6—阀门井

（2）克服高程差引起的附加压头的影响

天然气比空气密度小，随着建筑物高度的增大，附加压头也增大，而民用和公共建筑燃具的工作压力，是有一定的允许压力波动范围的。当高程差过大时，为了使建筑物上下各层的燃具都能在允许的压力波动范围内正常工作，可采取下列措施以克服附加压头的影响：

1）如果该项压头增值不大，可采取增加管道阻力或采用低—低压调压器的方法，分段消除楼层的附加压头；

2）分开设置高层供气系统和低层供气系统，以分别满足不同高度的燃具工作压力的需要。

3）设用户调压器，各用户由各自的调压器将天然气降压，达到用具所需的稳定压力值。而对于液化石油气则与天然气不同，液化石油气的密度比空气大，随建筑物的高度增加，其附加压头和沿程压力损失是叠加的，所以不能采用第一种做法，只能采用后几种做法。

（3）补偿温差产生的变形

高层建筑燃气立管的管道长、自重大，应考虑工作环境温度下的极限变形，当自然补偿不能满足要求时，应设置补偿器。补偿器宜采用挠性管或波纹管，不得采用填料型管。管道的补偿量可按（式 2-1）计算：

$$\Delta L = 0.012 L \Delta t \qquad\qquad （式 2-1）$$

式中　ΔL——管道的补偿量，mm；

　　　L——两固定端之间管道的长度，m；

　　　Δt——补偿量计算温差，℃（可按下列条件选取：①有空气调节的建筑物内取 20℃；②无空气调节的建筑物内取 40℃；③沿外墙和屋面敷设时可取 70℃）。

挠性管补偿装置和波纹管补偿装置，如图 2-8 所示。

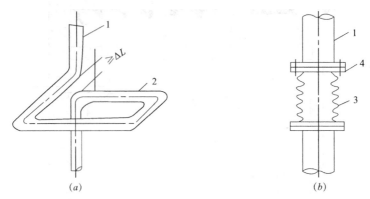

图 2-8　天然气立管的补偿装置
1—燃气立管；2—挠性管；3—波纹管；4—法兰
（a）挠性管；（b）波纹管

（4）超高层建筑天然气供应系统的特殊处理

对于超高层建筑。对这类建筑供应天然气时，除了使用在普通高层建筑上采用的措施以外，还应注意以下问题。

1）为防止建筑沉降或地震以及大风产生的较大层间错位破坏室内管道，除了立管上安装补偿器以外，还应对水平管进行有效的固定，必要时在水平管的两固定点之间也应设置补偿器。

2）建筑中安装的天然气用具和调压装置，应采用粘接的方法或用夹具予以固定，防止地震时产生移动，导致连接管道脱落。

3）为确保供气系统的安全可靠，超高层建筑的管道安装，在采用焊接方式连接的地方应进行 100％的超声波探伤和 100％的 X 射线检查，检查结果应达到 II 级片的要求。

4）在用户引入管上设置切断阀，在建筑物的外墙上还应设置燃气紧急切断阀，保证在发生事故等特殊情况时随时关断。天然气用具处应设立天然气泄漏报警器和天然气自动切断装置，而且泄漏报警器应与自动切断装置联动。

5）建筑总体安全报警与自动控制系统的设置，对于超高层建筑的天然气安全供应是必需的，在许多现代化建筑上已有采用，该系统的主要目的是：

①当天然气系统发生故障或泄漏时，根据需要能部分或全部的切断气源；

②当发生自然灾害时，系统能自动切断进入建筑内部的总气源；

③当该建筑的安全保卫中心认为必要时，可以对建筑内的局部或全部气源进行控制或切断；

④可以对建筑内的天然气供应系统运行状况进行监视和控制。

4. 工业建筑燃气供应系统

工业建筑燃气与民用相比，有一定的不同。工业用户设施主要包括：安全放散装置、过滤器、计量器具、补偿器、调压设备、加压设备、自动切断、仪器仪表、阀门、配套管道等。

工业建筑燃气管网系统有枝状和环状两种。一般采用枝状，环网只用于特别重要的车间，如图 2-9 所示。

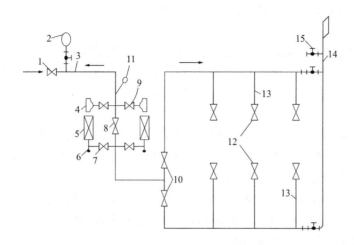

图 2-9　没有燃气计量装置的车间环网系统

1—车间入口的阀门；2—压力表；3—车间燃气管道；4—过滤器；5—燃气计量表；
6—三通；7—计量表后的阀门；8—旁通阀；9—计量表前的阀门；10—车间燃气分支管上的阀门；
11—温度计；12—燃气设备的总阀门；13—支管；14—放散管；15—取样管

工业企业生产用气设备应安装在通风良好的专用房间内。当特殊情况需要设置在地下室、半地下室或通风不良的场所时，也要符合本章节"燃气供应系统的构成及一般规定"的相关要求。

工业用气设备的燃烧器选择，应根据加热工艺要求、用气设备类型、燃气供给压力及附属设施的条件等因素，经技术经济比较后确定。

工业企业生产用气设备的燃气用量，定型燃气加热设备，应根据设备铭牌标定的用气量或标定热负荷，采用经当地燃气热值折算的用气量；非定型燃气加热设备应根据热平衡计算确定；或参照同类型用气设备的用气量确定；使用其他燃料的加热设备需要改用燃气时，可根据原燃料实际消耗量计算确定。

工业用户各用气车间的进口和燃气设备前的燃气管道上均应单独设置阀门，阀门安装高度不宜超过 1.7m；燃气管道阀门与用气设备阀门之间应设放散管；每个燃烧器的燃气接管上，必须单独设置有启闭标记的燃气阀门；每个机械鼓风的燃烧器，在风管上必须设置有启闭标记的阀门；大型或并联装置的鼓风机，其出口必须设置阀门；放散管、取样管、测压管前也必须设置阀门。

工业企业生产用气设备上燃气管道上应安装低压和超压报警以及紧急自动切断阀；烟道和封闭式炉膛，均应设置泄爆装置，泄爆装置的泄压口应设在安全处；用气设备的燃气总阀门与燃烧器阀门之间，应设置放散管。

燃气燃烧需要带压空气和氧气时，应有防止空气和氧气回到燃气管路和回火的安全措施，燃气管路上应设背压式调压器，空气和氧气管路上应设泄压阀。在燃气、空气或氧气的混气管路与燃烧器之间应设阻火器；混气管路的最高压力不应大于 0.07MPa。使用氧气时，其安装应符合有关标准的规定。

除此之外，工业企业的用气还应遵守其他专业规范的一些特殊要求。

5. 大型商业建筑燃气供应系统

商业用户设施主要包括：引入管、阀门、过滤器、计量器具、补偿器、调压设备、配套管道等。

商业建筑燃气供应系统基本上同民用和工业建筑燃气供应系统，一般来说大型商业建筑主要可分两类：第一类用户是餐饮燃气用户；第二类是指使用燃气锅炉和燃气直燃型吸收式冷（温）水机组的用户。第一类参考一般民用建筑燃气供应系统；第二类商业用户可按工业用户对待。

商业用气设备一般应安装在通风良好的专用房间内；商业用气设备不得安装在易燃易爆物品的堆存处，且不应设置在兼做卧室的警卫室、值班室、人防工程等处。

商业用气设备用气设备之间及用气设备与对面墙之间的净距应满足操作和检修的要求；用气设备与可燃或难燃的墙壁、地板和家具之间应采取有效的防火隔热措施。

商业用户中燃气锅炉和燃气直燃型吸收式冷（温）水机组的设置应符合下列要求：

（1）宜设置在独立的专用房间内；

（2）设置在建筑物内时，燃气锅炉房宜布置在建筑物的首层，不应布置在地下二层及二层以下；燃气常压锅炉和燃气直燃机可设置在地下二层；

（3）燃气锅炉房和燃气直燃机不应设置在人员密集场所的上一层、下一层或贴邻的房间内及主要疏散口的两旁；不应与锅炉和燃气直燃机无关的甲、乙类及使用可燃液体的丙类危险建筑贴邻；

（4）燃气相对密度（空气等于1）大于或等于0.75的燃气锅炉和燃气直燃机，不得设置在建筑物地下室和半地下室；宜设置专用调压站或调压装置，燃气经调压后供应机组使用。

商业用气设备设置在地下室、半地下室（液化石油气除外）或地上密闭房间内时，燃气引入管应设手动快速切断阀和紧急自动切断阀；紧急自动切断阀停电时必须处于关闭状态（常开型）；用气设备应有熄火保护装置；用气房间应设置燃气浓度检测报警器，并由管理室集中监视和控制；应设置独立的机械送排风系统；通风量应满足下列要求：正常工作时，换气次数不应小于6次/h；事故通风时，换气次数不应小于12次/h；不工作时换气次数不应小于3次/h；当燃烧所需的空气由室内吸取时，还应满足燃烧所需的空气量和排除房间热力设备散失的多余热量所需的空气量。

除此之外，商业企业的用气也还应遵守其他专业规范的一些特殊要求。

2.4 城镇燃气输配系统的管理

城市燃气具有易燃、易爆和有毒等特点，一旦供气、用气设施发生泄漏，极易发生火灾、爆炸及中毒事故，使国家和人民生命财产遭受损害。因此，确保燃气安全供应，是城市燃气供应单位的重要职责。为了保护国家和人民生命财产的安全，必须加强对燃气管网和设施的运行、维护和抢修工作，防止火灾、爆炸及中毒事故的发生。

城市燃气供应单位对城市燃气设施的运行与维护必须制定相应的管理制度和操作规定，在发生事故时要有切实可行的抢修措施，力争将危害限制在最小程度内，并杜绝次生灾害的发生。

然而，现有的燃气设施存在种种问题，尤其是运行方面存在的安全问题，直接影响了城市燃气输配系统的安全性、稳定性和高效性。解决城市燃气输配系统运行安全问题的最有效手段之一就是加强管理。

1. 输配系统管理的发展的现状及问题

我国城市燃气企业虽然取得了很大的成绩，燃气行业出现巨大变化，但由于管理落后，也出现了一些突出问题，主要体现在以下几个方面：

（1）企业生产运行管理模式陈旧。许多燃气企业仍然沿用传统的企业管理模式，突出表现在管理上仍然以经验为主，忽视以理论指导企业管理实践，忽视全过程、全方位、全员参与的企业系统管理，忽视主动管理，在企业的生产运行管理方面，缺乏科学的技术手段。

（2）企业管理机制不完善。新形势下，为了应对激烈的市场竞争，企业往往把经济效益作为管理企业的主要因素考虑，从而使得大量的时间、精力都放在市场开发、工程建设和经济效益上，而忽视了企业的生产运行管理。

2. 燃气输配系统管理的发展方向

随着国家对燃气行业政策的放开，民营和私营资产进入燃气市场，燃气市场的竞争日趋激烈。新形势下，针对现有的状况和存在的问题，就要求燃气企业能创新生产运行管理模式，以求新的发展，未来可能一些发展方向主要有：

（1）运用科学的生产运行管理方法。在信息技术日渐发达的今天，城市燃气行业对信息技术的运用也越来越广泛，GIS（地理信息系统）、SCADA（数据采集与监视控制系统）等已相继引入国内燃气企业。城市燃气企业，一般都承担为数以十万用户安全供气的责任，管理着城市管辖范围内的地下管网和燃气设备。因此，运用科技的手段，特别是信息技术来进行城市燃气生产运行的管理，对城市燃气企业、社会公共安全和群众的利益都具有重要的意义。城市燃气生产运行的管理信息系统集中将与企业运营相关的所有数据进行收集、管理，在此基础上对照城市燃气运营的要求，统一规划，构建生产运营、调度、管网运行、营业收费、客户服务等专业应用系统，形成燃气综合管理信息平台。事实上，SCADA系统作为基础的数据系统早已在国外城市燃气企业中广泛采用，它很好地实现设备实时运行状态监测的数据采集、分析等功能。有了信息系统的支持，燃气企业就可以实行"监控—调度"的生产运行管理模式，提高事故的遇见性和生产调度的效率，为企业创造实效。

（2）建立产权明晰、以资产管理为重点的城市燃气管理体制。城市燃气管网及相关设施的投资及其资产的运营管理方式是燃气市场形成的前提条件。它不仅是建立价格体系的重要依据，而且也决定了企业经营管理机制的确立。如何建立以市场为导向的竞争机制和以资产运营为中心的现代企业管理、运营模式，已成为城市燃气事业走向市场化进程中要面对的首要问题和需完成的重要任务。

3 燃气管道安装

3.1 管道安装技术

1. 管材基本知识

(1) PE管

聚乙烯（Polyethylene，简称PE）是乙烯经聚合制得的一种热塑性树脂，在工业上也包括乙烯与少量α-烯烃的共聚物。聚乙烯无臭、无毒、手感似蜡，具有优良的耐低温性能（最低使用温度可达−100～−70℃），化学稳定性好，能耐大多数酸碱的侵蚀。常温下不溶于一般溶剂，吸水性小，电绝缘性优良。

国际上把聚乙烯管（Polyethylene pipe）的材料分为 PE32、PE40、PE63、PE80、PE100 五个等级，而用于燃气管的材料主要是 PE80 和 PE100。

近年来，我国引进技术，生产高密度燃气管，也称高密度聚乙烯燃气管，其抗压性、韧性、塑性等都比 PE 管优越，已推广使用于燃气管道工程。

(2) 钢管

钢管是燃气工程中应用最多的管材。其主要优点是：强度高、韧性好、承载应力大，抗冲击性和严密性好、可塑性好，便于焊接和热加工，壁厚较薄、节省金属。但其耐腐蚀性较差，需要有妥善的防腐措施。

用于城市燃气管道的钢管主要有无缝钢管和焊接钢管两大类。无缝钢管的强度很高，但受生产工艺和成本的限制，一般是 DN200 以下的小口径钢管。焊接钢管种类较多，按焊接方式可分为直缝焊接钢管和螺旋缝焊接钢管两类。其中，直缝焊接钢管又包括直缝双面埋弧焊（LSAW）钢管和高频电阻焊（ERW）钢管等几种。

(3) 铸铁管

铸铁是含碳大于 2.1% 的铁碳合金，它是将铸造生铁（部分炼钢生铁）在炉中重新熔化，并加进铁合金、废钢、回炉铁调整成分而得到。与生铁区别是铸铁是二次加工，大都加工成铸铁件。铸铁件具有优良的铸造性可制成复杂零件，一般有良好的切削加工性。另外具有耐磨性和消震性良好、价格低等特点。

铸铁管（Cast iron pipe），用铸铁浇铸成型的管子。铸铁管用于给水、排水和煤气输送管线，它包括铸铁直管和管件。劳动强度小。按铸造方法不同，分为连续铸铁管和离心铸铁管，其中离心铸铁管又分为砂型和金属型两种。按材质不同分为灰口铸铁管和球墨铸铁管。按接口形式不同分为柔性接口、法兰接口、自锚式接口、刚性接口等。其中，柔性铸铁管用橡胶圈密封；法兰接口铸铁管用法兰固定，内垫橡胶法兰垫片密封；刚性接口一般铸铁管承口较大，直管插入后，用水泥密封，此工艺现已基本淘汰。

(4) 镀锌管

镀锌管，又称镀锌钢管，分热镀锌和电镀锌两种，热镀锌镀锌层厚，具有镀层均匀、附着力强、使用寿命长等优点。电镀锌成本低，表面不是很光滑，其本身的耐腐蚀性比热镀锌管差很多。

热镀锌管是指使熔融金属与铁基体反应而产生合金层，从而使基体和镀层二者相结合。热镀锌是先将钢管进行酸洗，为了去除钢管表面的氧化铁，酸洗后，通过氯化铵或氯化锌水溶液或氯化铵和氯化锌混合水溶液槽中进行清洗，然后送入热浸镀槽中。热镀锌具有镀层均匀，附着力强，使用寿命长等优点。北方大部分工艺采用镀锌带直接卷管补锌工艺。

（5）薄壁不锈钢管

薄壁不锈钢管材，是指壁厚与外径之比不大于6％的不锈钢管道。目前燃气行业使用的薄壁不锈钢管要求壁厚不小于0.6mm。

薄壁不锈钢管是利用不锈钢热轧钢板（带）或热轧纵剪钢带经辗压、卷制、焊接而成。薄壁不锈钢管具有安装简便，安全可靠，因其管壁较薄（但其强度并不低）而成本较低，使用寿命较长（大致为铜管的2倍，碳钢管的2.5～4倍，复合管的2～3倍）等优点，其应用于燃气室内管道的综合性价比较高，因此薄壁不锈钢管已成为目前较为理想的燃气室内用管材，具有较广阔的开发和应用前景，特别适用于对外观要求较高的中、高档小区。

（6）碳钢管

近年来，悄然出世的碳钢燃气管，已经在燃气管道过程中使用，其价格优越于薄壁不锈钢管，既可以爬墙，又可以定尺制作。

2. 管材加工

（1）PE管

1）管材加工前：

①加工前应清除管材、管件焊接区域的灰尘或污物；

②应对管材按设计要求进行核对，并应在施工现场进行外观检查，管材表面划伤深度不应超过管材壁厚的10％，符合要求方可使用。

2）管材加工时：应根据管材或管件的规格，选用相应的夹具。

（2）钢管

1）管材加工前：

①作业班组应配合焊工将坡口处的水分、脏物、铁锈、油污、涂料等清除干净；

②当采用气割等热加工方法时，必须除去坡口表面的氧化皮，并进行打磨。

2）管材加工时：应根据管材或管件的规格，选用相应的对口器辅助焊接。

3. 管道切断

（1）PE管

聚乙烯管材的切割应采用专用割刀或切管工具，切割端面应平整、光滑、无毛刺，端面应垂直于管轴线。

（2）钢管

钢管的切割宜采用机械方法，当采用气割等热加工方法时，必须除去表面的氧化皮，并进行打磨。

4. 管口加工及保护

（1）PE 管

1）电熔连接：刮除管口表面氧化皮（厚度约 0.1～0.2mm）并修整光滑，刮削段长度应大于承插长度，刮削后的管材表面不应被再次污染。

2）热熔连接：将聚乙烯管材或管件的管口擦拭干净，并铣削管口端面，使其与轴线垂直。切削平均厚度不宜大于 0.2mm，切削后的管口应防止污染。

（2）钢管

1）焊口及焊件组对应将坡口及其内外侧不小于 20mm 范围内清除干净。在采取热加工方法加工坡口，必须除去坡口表面的氧化皮、熔渣，将凹凸不平处打磨平整后进行焊接。

2）大管径燃气管道，坡口表面及距坡口 20mm 范围内管道内外表面需打磨除锈，露出金属光泽；管道内表面距坡口 10mm 距离需打磨除锈，露出金属光泽。小管径燃气管道焊接安装时，内表面建议使用专用的电磨机进行除锈（一般磨光机无法对小管径内口进行打磨）。

3）检验坡口及组对情况是否符合要求，严格控制坡口打磨，在打磨露出金属光泽即可，不得对坡口过度打磨，或者直接磨平坡口。

4）对发现管口椭圆度不符合要求的，要及时进行校正，在不校正的情况下不得进行焊接，避免产生错边缺陷。

5）焊接部位须有防风措施，在雨雪天气、大气相对湿度大于 85%、风速大于 8m/s 等情况下，严禁施焊。

（3）镀锌管

管口攻制螺纹：螺纹应光滑端正，无斜丝、乱丝、断丝或脱落，缺损长度不得超过螺纹数的 10%。现场攻制的管螺纹数，一般 $dn\leq DN20$ 螺纹数为 9～11 丝，$DN20<dn\leq DN50$ 螺纹数为 10～12 丝，$DN50<dn\leq 65$ 螺纹数为 11～13 丝，$DN65<dn\leq 100$ 螺纹数为 12～14 丝。攻制时，$DN25$ 以上管径建议二次进丝，并且用满档攻制，使用机油或冷却液润滑，保证丝扣质量。

5. 管道防腐及保温

防腐就是通过采取各种手段，保护容易锈蚀的金属物品，来达到延长其使用寿命的目的，通常采用化学防腐、物理防腐、电化学防腐等方法。

（1）物理防腐，适当配以与油性成膜剂起反应的颜料可以得到致密的防腐涂层使物理的防腐作用加强。

（2）化学防腐，当有害的酸性碱性物质渗入防腐涂层时，能起中和作用变其为无害物质，这也是有效的防腐方法。尤其是巧妙地采用氧化锌、氢氧化铝、氢氧化钡等两性化合物，可以很容易地实现中和酸性或碱性的有害物质而起防腐作用，或者能与水、酸反应生成碱性物质。这些碱性物质吸附在钢铁表面使其表面保持碱性，在碱性环境下钢铁不易生锈。

（3）电化学防腐，从涂层的针孔渗入的水分和氧通过防腐涂层时，与分散在防腐涂层中的防锈颜料反应形成防腐离子。这种含有防腐离子的湿气到达金属表面，使钢铁表面钝化（使电位上升），防止铁离子的溶出。或者利用电极电位比钢铁低的金属来保护钢铁，起到牺牲阳极的作用而使钢铁不易被腐蚀。

架空燃气钢管、埋地无缝钢管、3PE 螺旋埋弧焊管，在除锈后进行防腐时需注意以下几点：

1) 架空钢管除锈合格后，按设计要求进行防腐，刷两层红丹防锈漆，再刷两层黄色警示漆。

2) 埋地无缝钢管除锈、无损探伤合格后，均匀刷环氧树脂漆。当采用聚乙烯胶粘带进行防腐时，聚乙烯胶粘带重叠应在 50% 以上，表面平整密实无皱折即可。

3) 3PE 螺旋埋弧焊管除锈、无损探伤合格后均匀刷环氧树脂漆。略干后采用液化气烘枪对防腐区进行加热，用配套热缩套进行防腐，边烘烤边用冷布手工赶出热缩套内空气。使热缩套表面平整密实无皱折边缘出胶即可。

使用热缩套进行防腐时，严格注意热缩套的接头搭接情况，严禁接头搭接不严实，留有缝隙，作业班组对每道焊口的防腐除检查防腐质量问题时，还需检查接头问题，使用工具沿防腐层按压一圈，检查是否搭接严实。

6. 管道支撑与支吊架

管道支、吊架的设计和形式选用是管道系统设计中的一个重要组成部分，管道支、吊架除支撑管道重量外，特制的管道支、吊架可平衡管系作用力，限制管道位移和吸收震动，在管道系统设计时，正确选择和布置结构合理的管道支、吊架，能够改善管道的应力分布和对管架的作用力，确保管道系统安全运行，并延长其使用寿命。

（1）支、吊架安装技术要求

1) 管道支吊架的形式、材质、加工尺寸及精度应符合设计文件及国家现行标准的规定。

2) 管道支、吊架的组装尺寸与焊接方式应符合设计文件的规定。制作后应对焊缝进行外观检查，焊接变形应予矫正。所有螺纹连接均应按设计要求锁紧。

3) 管道安装时，应及时固定和调整支、吊架。支、吊架安装位置应准确，安装应平整牢固，与管道接触应紧密。

4) 固定支架应按设计文件要求安装，安装补偿器时，应在补偿器预拉伸之前固定。

5) 导向支架或滑动支架的滑动面应洁净平整，不得有歪斜和卡涩现象。

6) 管架紧固在槽钢或工字钢翼板斜面上时，其螺栓应有相应的斜垫片。

7) 管道安装时当使用临时支、吊架时，不得与正式支、吊架位置冲突，不得直接焊在管道上，并应有明显标记。在管道安装完毕后应予以拆除。

（2）支、吊架安装质量管控要点

1) 支、吊架安装前先做好其除锈及防腐施工。

2) 选用与管道同型号的管卡将其固定，并拧紧管卡螺丝，管卡的位置要适当，距离焊缝大于 50mm。

3) 管道安装完毕后，应按设计文件规定逐个核对支、吊架的形式和位置并做好安装记录。

7. 管道敷设

(1) PE 管

1) 对开挖沟槽敷设管道（不包括煨管法埋地敷设），管道应在沟底标高和管基质量检查后，方可敷设。

2) 管道下管时，不得采用金属材料直接困扎和吊运管道，并应防止管道划伤、扭曲或承受过大的拉伸和弯曲。

3) 聚乙烯管道宜以蜿蜒状敷设，并可随地形自然弯曲敷设；钢骨架聚乙烯复合管道宜以自然直线敷设。

4) 管道与建筑物、构筑物或相邻管道之间的水平净距和垂直净距，应符合表 3-1、表 3-2 的要求。

聚乙烯管道和钢骨架聚乙烯复合管道与热力管道之间的水平净距   表 3-1

项　目			地下燃气管道（m）			
			低压	中压		次高压
				B	A	B
热力管	直埋	热水	1.0	1.0	1.0	1.5
		蒸汽	2.0	2.0	2.0	3.0
	在管沟内（至外壁）		1.0	1.5	1.5	2.0

聚乙烯管道和钢骨架聚乙烯复合管道与热力管道之间的垂直净距   表 3-2

项　目		燃气管道（当有套管时，从套管外径计）（m）
热力管	燃气管在直埋管上方	0.5（加套管）
	燃气管在直埋管下方	1.0（加套管）
	燃气管在管沟上方	0.2（加套管）或 0.4
	燃气管在管沟下方	0.3（加套管）

5) 管道埋设的最小覆土厚度应符合下列规范要求。

①埋设在车行道下，不得小于 0.9m；

②埋设在非车行道（含人行道）下，不得小于 0.6m；

③埋设在机动车不可能到达的地方时，不得小于 0.5m；

④埋设在水田下时，不得小于 0.8m。

6) 管道敷设时，应随管走向埋设金属示踪线（带）、警示带或其他标识。示踪线（带）应贴管敷设，并应有良好的导电性、有效的电气连接和设置信号源井。

警示带敷设应符合下列规定：

①警示带宜敷设在管顶上方 500mm 处，但不得敷设于路基或路面里。

②直径不大于 400mm 的管道，可在管道正上方敷设一条警示带；对直径大于或等于 400mm 的管道，应在管道正上方平行敷设两条水平净距 100～200mm 的警示带。

③警示带宜采用聚乙烯或不易分解的材料制造，颜色应为黄色，且在警示带上印有醒目、永久性警示语。

7）聚乙烯盘管或因施工条件限制的聚乙烯直管或钢骨架聚乙烯复合管道采用拖管法埋地敷设时，在管道拖拉过程中，沟底不应有可能损伤管道表面的石块和尖凸物，拖拉长度不宜超过 300mm。

聚乙烯管道的最大拖拉力应按式 3-1 计算：

$$F = 15DN^2/SDR \qquad (式 3-1)$$

式中　F——最大拖拉力（N）；

DN——管道公称直径（mm）；

SDR——标准尺寸比。

（2）钢管

1）管道在套管内敷设时，套管内的燃气管道不宜有环向焊缝。

2）管道下沟前，应清除沟内的所有杂物，管沟内积水应抽净。

3）管道下沟前宜使用吊装机具，严禁采用抛、滚、撬等破坏防腐层的做法。吊装时应保护管口不受损伤。

4）管道吊装时，吊装点间距不大于 8m。吊装管道的最大长度不宜大于 36m。

5）管道在敷设时应在自由状态下安装连接，严禁强行组对。

6）管道环向焊缝间距不应小于管道的公称直径，且不得小于 150mm。

7）管道对口前应将管道、管件内部清理干净，不得存有杂物。每次收工时，敞口的管端应临时封堵。

8）管道下沟前必须对防腐层进行 100% 的外观检查，回填前应进行 100% 火花检测，回填后必须对防腐层完整性进行全线检查，不合格必须返工处理至合格。

（3）球墨铸铁管

1）管道安装就位前，应采用测量工具检查管段的坡度，并应符合设计要求。

2）管道或管件安装就位时，生产厂的标记宜朝上。

3）已安装的管道暂停施工时应临时封堵。

4）管道最大允许借助转角及距离不应大于表 3-3 的规定。

管道最大允许借转角度及距离 　　　　　　　　　表 3-3

管道公称直径（mm）	80～100	150～200	250～300	350～600
平面借转角度（°）	3	2.5	2	1.5
竖直借转角度（°）	1.5	1.25	1	0.75
平面借转距离（mm）	310	260	210	160
竖直借转距离（mm）	150	130	100	80

注：上表适用于 6m 长规格的球墨铸铁管，采用其他规格的球墨铸铁管时，可按产品说明书的要求执行。

5）采用两根相同角度的弯管相接时，借转距离应符合表 3-4 的规定。

弯管借转距离 表 3-4

管道公称直径（mm）	借高（mm）				
	90°	45°	22°30′	11°15′	1 根乙字管
80	592	405	195	124	200
100	592	405	195	124	200
150	742	465	226	124	250
200	943	524	258	162	250
250	995	525	259	162	300
300	1297	585	311	162	300
400	1400	704	343	202	400
500	1604	822	418	242	400
600	1855	941	478	242	—
700	2057	1060	539	243	—

6）管道敷设时，弯头、三通和固定盲板处均应砌筑永久性支墩。

7）临时盲板应采用足够的支撑，除设置端墙外，应采用 2 倍于盲板承压的千金顶支撑。

3.2 管道安装及验收

1. 室外管道安装

（1）聚乙烯燃气管道

目前国内燃气工程中聚乙烯燃气管道被广泛应用，掌握好聚乙烯燃气管道的安装要求才能提升工程质量。为了提高聚乙烯燃气管道在工程应用中的安全性能，在安装中需注意以下几点：

1）聚乙烯燃气管道不得从建筑物或大型构筑物的下面穿越（不包括架空的建筑物和立交桥等大型构筑物）；不得在堆积易燃、易爆材料和具有腐蚀性液体的场地下面穿越；不得与非燃气管道或电缆同沟敷设。

2）聚乙烯燃气管道与热力管道之间的水平净距，不应小于前文表 3-1 规定。

3）聚乙烯燃气管道与热力管道之间的垂直净距，不应小于前文表 3-2 规定。

4）聚乙烯管道埋设的最小覆土厚度（地面至管顶）应符合下列规定：

①埋设在车行道下，不得小于 0.9m；

②埋设在非车行道（含人行道）下，不得小于 0.6m；

③埋设在机动车不可能到达的地方时，不得小于 0.5m；

④埋设在水田下时，不得小于 0.8m。

（2）管道连接方式

聚乙烯燃气管道在很多方面具有绝对的优势，管材具有很好的柔韧性、抗腐蚀性、抗冲击性、严密性等。聚乙烯燃气管道对酸、碱、盐及杂散电流均不敏感，也不会被微生物侵蚀。同时聚乙烯燃气管道连接方便、施工简单、维修少、使用寿命长、经济效益非常明显。国内外关于聚乙烯管道的连接，主要包括热熔对接、电熔连接、法兰连接等方式。考虑到聚乙烯管道输送的介质，聚乙烯燃气管道施工中一般采用电熔连接和热熔对接两种方式。目前这两种连接方式在国内外聚乙烯压力管道系统中都得到了广泛应用。

1）一般要求

①聚乙烯管道严禁用于室内地上燃气管道和室外明设燃气管道。管道热熔或电熔连接的环境温度宜在−5～45℃范围内，在环境温度低于−5℃或风力大于 5 级的条件下进行热熔和电熔连接操作时，应采取保温、防风措施，并应调整连接工艺；在炎热的夏季进行热熔或电熔连接操作时，应采取遮阳措施。

②聚乙烯管材从生产到使用期间，存放时间不宜超过 1 年，管件不宜超过 2 年。当超出上述期限时，应重新抽样，进行性能检验，合格后方可使用。

③公称直径在 90mm 以上的聚乙烯燃气管材、管件连接可采用热熔对接或电熔连接；公称直径小于 90mm 的管材及管件宜使用电熔连接。聚乙烯燃气管道和其他材质的管道、阀门、管路附件等连接应采用法兰或钢塑过渡接头连接。

④对不同级别、不同熔体流动速率的聚乙烯原料制造的管材或管件，不同标准尺寸比（SDR 值）的聚乙烯燃气管道连接时，必须采用电熔连接。施工前应进行试验，判定试验连接质量合格后，方可进行电熔连接。

2）聚乙烯燃气管道安装

①管道连接前应对管材、管件及管道附属设备按设计要求进行核对，并应在施工现场进行外观检查，管材表面划伤深度不应超过管材壁厚的 10%，符合要求方可使用。

②聚乙烯管材与管件的连接，必须根据不同的连接形式选用专用的连接机具，不得采用螺纹连接或粘接。连接时，严禁采用明火加热。

③聚乙烯管材、管件的连接应采用热熔对接连接或电熔连接（电熔承插连接、电熔鞍形连接）；聚乙烯管道与金属管道或金属附件连接，应采用法兰连接或钢塑转换接头连接；采用法兰连接时宜设置检查井。

④施工人员应经过专业技术培训合格后，持证上岗。

⑤管道连接时，聚乙烯管材的切割应采用专用割刀或切管工具，切割端面应平整、光滑、无毛刺，端面应垂直于管轴线。

⑥连接完成后的接头应自然冷却，冷却过程中不得移动接头、拆卸加紧工具或对接头施加外力。

⑦管道安装时，管沟内积水应抽净，每次收工时，敞口管端应临时封堵。

⑧不得使用金属材料直接捆扎和吊运管道。管道下沟时应防止划伤、扭曲和强力拉伸。

⑨对穿越铁路、公路、河流、城市主要道路的管道，应减少接口，且穿越前应对连接好的管段进行强度和严密性试验。

⑩聚乙烯燃气管道利用柔性自然弯曲改变走向时，其弯曲半径不应小于 25 倍的管材外径；当弯曲管段上有承口管件时，管道允许弯曲半径不应小于 125 倍公称直径。

3）电熔连接

①电熔连接原理

使用专用的电熔焊机，通过对预埋于电熔管件内表面的电热丝通电而使其加热，使电熔管件内表面与被连接的管材（管件）外表面熔融，物料熔融后膨胀而相互间产生压力，冷却到规定时间后而达到熔接的目的。

②电熔连接要求

在操作过程中，操作人员必须严格按照电熔管件所规定的焊接参数进行焊接，确保焊接质量。

A. 检查电熔管件有无断丝、绕丝不均等异常现象。不合格的电熔管件禁止使用。

B. 核对待焊接的管材（配件）规格、压力等级是否正确，检查其表面是否有磕、碰、划伤，如伤痕深度超过管材壁厚的10%，应予以局部切除后方可使用。

C. 清除管材、管件焊接区域的灰尘或污物。

D. 在待焊接端按照需插入管件长度用记号笔进行标注，刮除管材表皮（厚度约0.1～0.2mm）并修整光滑；刮削段长度应大于承插长度。刮削后的管材表面不应被再次污染。

E. 在已刮削好的端面上再次按承插长度对管道进行标注。

F. 将刮削后的管端插入清洁后的管件到标注尺寸，必要时应予以夹持固定。

G. 将焊机输出插头插入管件插孔内并固定。

H. 确认设定程序或参数无误后，启动电熔焊机进行焊接。

I. 在熔接过程中，操作人员必须注意观察管件观察孔内熔体的溢出情况，观察时不得贴近观察，宜佩戴护目镜观察，防止飞溅伤眼。

J. 焊接完成后，取出插头，接头自然冷却。

K. 电熔连接通电加热时和冷却期间，不得移动连接件或在连接件上施加任何外力，以免造成内应力增大，从而影响焊接质量。

4）热熔连接

聚乙烯是一种热塑性材料，一般可在190～240℃之间的范围内被熔化（不同原料牌号的熔化温度一般也不相同），将管材两端熔化的部分充分接触，并施加适当的压力，冷却后便可牢固地融为一体，从而达到熔接目的。

热熔连接要求如下：

①根据管材或管件的规格，选用相应的夹具，将连接件的连接端伸出夹具，自由长度不应小于公称直径的10%，移动夹具使连接件端面接触，并应校直对应的待连接件，使其在同一轴线上，错边不应大于壁厚的10%。

②应将聚乙烯管材或管件的连接部位擦拭干净，并铣削连接件端面，使其与轴线垂直。切削平均厚度不宜大于0.2mm，切削后的熔接面应防止污染。

③连接件的端面应采用热熔对接连接设备加热。

④吸热时间达到要求后，应迅速撤出加热板，检查连接件加热面融化的均匀性，不得有损伤。在规定的时间内用均匀外力使连接面完全接触，并翻边形成均匀一致的对称凸缘。

⑤在保压、冷却期间不得移动连接件或在连接件上施加任何外力。

5）钢塑转换接头连接

聚乙烯管道作为一种新型城镇燃气管材得到了大量应用，聚乙烯燃气管道在与金属管道连接时需使用钢塑转换接头，钢塑转换接头安装时需注意以下几点：

①钢塑转换接头的聚乙烯端与聚乙烯管或管件连接应符合相应的电熔、热熔连接的规定。

②钢塑转换接头的钢管端与金属管道的连接应符合钢管的焊接、法兰连接、螺纹连接或连接器连接的规定。

③钢塑转换接头的钢管端与钢管焊接时，在钢塑过渡段应采取降温措施。

④钢塑转换接头连接后应对接头进行防腐处理，防腐等级应符合设计要求，并验收合格。

（3）质量管控

聚乙烯燃气管道在施工过程中，没有一种方便、可靠的非破坏性检测手段用于焊缝检验。为了保障焊接质量，可采取以下控制措施。

1）严格执行焊接操作流程（见图 3-1～图 3-5）

①把管材固定在机架上，中间留出 5～8cm 的距离。

②将铣刀放入机架，适当调整切削压力对管材断面进行切削，待形成连续切削后缓慢减小切削压力，并撤出铣刀，以保证管材端面光滑平整。

③加热板待恒温后放入机架对管材端面进行加热，并根据管径及环境温度来调整加热时间及压力。

④管端加热后迅速将加热板移开，然后立即将管材对接，并根据管径的不同进行对接压力调整。

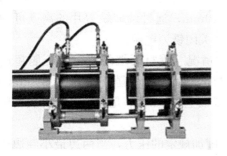

图 3-1　管材固定

图 3-2　铣削

图 3-3　管端加热

图 3-4　对接

图 3-5 完成

当焊口温度降至与环境温度一致时，将管材从焊机上移开，完成接口的强度可达到甚至超过管材本身的强度。

在热熔对接连接过程中还需注意以下几点：

①核对待焊接管材规格、压力等级是否正确，检查其表面是否有磕、碰、划伤，如伤痕深度超过管材壁厚的 10%，应进行局部切除后方可使用。

②宜用软布蘸酒精清除两管端的油污或异物。

③将待焊接的管材置于机架卡瓦内，使两端伸出的长度一致（在不影响铣削和加热的情况下，宜保持 20~30mm），管材轴线与机架中心线处于同一高度，然后用卡瓦紧固好，机架以外的管材部分建议使用滚轮支撑。

④置入铣刀，先打开铣刀电源开关，然后再合拢管材两端，并加以适当的压力，直到两端有连续的切屑出现后（切屑厚度为 0.5~10mm，通过调节铣刀片的高度可调节切屑厚度），撤掉压力，略等片刻，再退开活动架，关闭铣刀电源。

⑤取出铣刀，合拢两管端，检查两端对齐情况（管材两端的错位量不能超过壁厚的 10%），通过调整管材直线度和松紧卡瓦；管材两端面间的间隙不宜超过 0.3mm（$De225$ 以下）、0.5mm（$De225~400$）、1mm（$De400$ 以上），如不满足要求，应再次铣削，直至满足要求。

⑥加热板温度达到设定值后，放入机架，施加规定的压力，当两边最小卷边达到规定高度时，压力减小到规定值（管端两面与加热板之间刚好保持接触，进行吸热），时间达到后，松开活动架，迅速取出加热板，然后合拢两管端，其切换时间尽量缩短，冷却到规定时间后卸压，松开卡瓦，取出连接完成的管材。

2）热熔对接接头质量检验

聚乙烯燃气管道热熔对接连接完成后，应对接头进行 100% 的翻边对称性、接头对正性检验和不少于 10% 的翻边切除检验。

①翻边对称性检验。接头应具有沿管材整个圆周平滑对称的翻边，翻边最低处的深度（A）不应小于管材表面（见图 3-6）。

②接头对正性检验。焊缝两侧紧邻翻边的外圆周的任何一处错边量（V）不应超过管材壁厚的 10%（见图 3-7）。

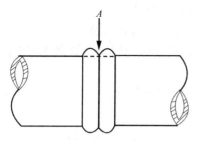 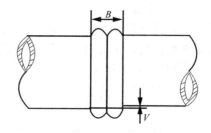

图 3-6　翻边对称性示意　　　　图 3-7　接头对正性示意

③翻边切除检验（见图 3-8）。应使用专用工具，在不损伤管材和接头的情况下，切除外部的焊缝翻边。翻边切除检验应符合下列要求：

A. 翻边应是实心圆滑的，根部较宽（见图 3-9）。

B. 翻边下侧不应有杂质、小孔、扭曲和损坏。

C. 每隔 50mm 进行 180° 的背弯试验，不应有开裂、裂缝，接缝处不得露出熔合线（见图 3-10）。

 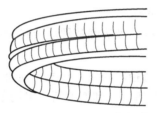 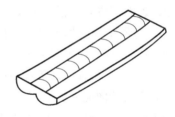

图 3-8　翻边切除示意　　图 3-9　合格实心翻边示意　　图 3-10　翻边背弯试验示意

当抽样检验的焊缝全部合格时，则此次抽样所代表的该批焊缝应认为全部合格；若出现与上述条款要求不符合的情况，则判定本焊缝不合格，并应按下列规定加倍抽样检验：每出现一道不合格焊缝，则应加倍抽检该焊工所焊的同一批焊缝，进行检验。如第二次抽检仍出现不合格焊缝，则应对该焊工所焊的同批全部焊缝进行检验。

3）电熔连接接头质量检验

聚乙烯燃气管道采用电熔承插连接时，电熔连接接头质量检验应符合下列要求：

①电熔管件端口处的管材或插口管件周边应有明显刮皮痕迹和明显的插入长度标记。

②接缝处不应有熔融料溢出。

4）使用滚轮支撑

为减少管道焊接时的拖动阻力，保证管道连接时同轴度，避免管材表面拖动划伤，聚乙烯燃气管道焊接过程中宜配合使用滚轮支撑。

（4）钢管安装

1）钢管焊接前，作业班组应配合焊工将坡口处的水分、脏物、铁锈、油污、涂料等清除干净。管道的切割及坡口加工宜采用机械方法，当采用气割等热加工方法时，必须除去坡口表面的氧化皮，并进行打磨。

2）氩弧焊时，焊口组对间隙宜为 2～4mm。不应在管道焊缝上开孔。管道开孔边缘与管道焊缝的间距不应小于100mm。当无法避开时，应对以开孔中心为圆心，1.5 倍开孔直径为半径的圆中所包容的全部焊缝进行100%射线照相检测。

3）管道在套管内敷设时，套管内的燃气管道不宜有环向焊缝。

4）管道在敷设时应在自由状态下安装连接，严禁强力组对。管道环焊缝间距不应小于管道的公称直径，且不得小于150mm。

5）管道对口前应将管道、管件内部清理干净，不得存有杂物。每次收工时，敞口管端应临时封堵。

6）当管道的纵段水平位置折角大于22.5°时，必须采取弯头连接。

7）钢管采用法兰安装时，应符合以下规定：

①法兰在安装前应进行外观检查，法兰的公称压力应符合设计要求。

②法兰密封面应平整光滑，不得有毛刺及径向沟槽。法兰螺纹部分应完整，无损伤。凹凸面法兰应能自然嵌合，凸面的高度不得低于凹槽的深度。

③螺栓与螺母的螺纹应完整，不得有伤痕、毛刺等缺陷；螺栓与螺母应配合良好，不得有松动或卡涩现象。

④法兰垫片应符合以下要求：

A. 石棉橡胶垫、橡胶垫及软塑料等非金属垫片应质地柔韧，不得有老化变质或分层现象，表面不应有折损、皱纹等缺陷。

B. 金属垫片的加工尺寸、精度、光洁度及硬度应符合要求，表面不得有裂纹、毛刺、凹槽、径向划痕及锈斑等缺陷。

C. 包金属及缠绕式垫片不应有径向划痕、松散、翘曲等缺陷。

⑤法兰端面应同管道中心线相垂直，其偏差值可采用角尺和钢尺检查，当管道公称直径小于或等于300mm时，允许偏差值为2mm。

⑥法兰连接时应保持平行，其偏差不得大于法兰外径的1.5‰，且不得大于2mm，不得采用紧螺栓的方法消除偏斜。

⑦法兰连接应保持同一轴线，其螺孔中心偏差不宜超过孔径的5%，并应保证螺栓自由穿入。

⑧法兰垫片应符合标准，不得使用斜垫片或双层垫片。采用软垫片时，周边应整齐，垫片尺寸应与法兰密封面相符。

⑨螺栓与螺孔的直径应配套，并使用同一规格螺栓，安装方向一致，紧固螺栓应对称均匀，紧固适度，紧固后螺栓外露长度不应大于1倍螺距，且不得低于螺母。螺栓紧固后应与法兰紧贴，不得有楔缝。需要加垫片时，每个螺栓所加垫片每侧不应超过1个。

⑩法兰直埋时，必须对法兰和紧固件按管道相同的防腐等级进行防腐。

8）钢管安装质量管控

①焊口表面潮湿，雨、雪天气，焊工及焊件无保护措施时，严禁焊接。

②焊条使用前要进行适当的烘干，碱性焊条应进行350℃，1~2h的烘干。酸性焊条应进行150℃，1~2h的烘干。焊条烘干后应放在保温桶进行焊接使用。

③进行手工电弧焊风力＞8m/s、氩弧焊风力＞2m/s时，均应采取防风措施方能施焊，且两边管口必须进行临时性封堵。

2. 室内管道安装

（1）室内燃气管道工程对管材的基本要求

室内燃气管道要承受一定的压力，燃气泄漏将会导致爆炸、火灾，造成人员伤亡和经济损失。因此，对室内燃气管道管材的基本要求是：有足够的机械强度（抗拉强度、延伸率），连接性好，具有不透气性。要满足管材的基本要求，应从以下几方面进行选材：

1）材料的强度性能

管道材料的强度性能应从抗拉强度极限、屈服极限、延伸率等几个参数进行分析。这几个参数因材质不同而有较大的变化，钢管的抗拉强度极限一般为335～565MPa，屈服极限一般为205～480MPa，钢的延伸率越大，其屈服极限越低，塑性越好，越易焊接加工。

2）材料的断裂韧性

管道断裂分为韧性断裂和脆性断裂。过大的拉应力和裂纹缺陷是韧性断裂的主要原因，低温、应力和裂纹缺陷3个条件共同作用是脆性断裂的主要原因。为了防止管道在工作条件下断裂，在管材生产和施工过程中应注意消除管道裂纹缺陷并减小外应力。

3）材料的可靠连接性能

要求管材在一定的连接（焊接、机械连接等）工艺方法、工艺参数和结构形式条件下，能够具有可靠的连接性能。

4）材料的抗腐蚀性能

城镇燃气一般是经过净化的燃气，可以不考虑管道的内壁腐蚀。室内燃气管道长期裸露于大气中，应考虑管道外壁的抗腐蚀能力，特别是在大气环境比较恶劣的大城市，更应该注意此项性能。

5）材料的温差适应性

在恶劣环境条件下，如低温（-20～0℃）、高温（40～70℃）时，管材不发生低温脆裂和高温变形。

（2）镀锌管安装

在居民用户楼栋燃气输气中，大量采用了镀锌管。镀锌管的安装质量直接关系到燃气用户的安全，下面介绍丝接镀锌管的施工要点。

1）镀锌管尺寸（见表3-5）

镀锌管尺寸 表3-5

公称内径	英寸	外径(mm)	壁厚(mm)	最小壁厚(mm)	米重(kg)	根重(kg)	米重(kg)	根重(kg)
DN15镀锌管	1/2	21.3	2.8	2.45	1.28	7.68	1.357	8.14
DN20镀锌管	3/4	26.9	2.8	2.45	1.66	9.96	1.76	10.56
DN25镀锌管	1	33.7	3.2	2.8	2.41	14.46	2.554	15.32
DN32镀锌管	1.25	42.4	3.5	3.06	3.36	20.16	3.56	21.36
DN40镀锌管	1.5	48.3	3.5	3.06	3.87	23.22	4.10	24.60
DN50镀锌管	2	60.3	3.8	3.325	5.29	31.74	5.607	33.64
DN65镀锌管	2.5	76.1	4.0	3.5	7.11	42.66	7.536	45.21
DN80镀锌管	3	88.9	4.0	—	8.38	50.28	8.88	53.28
DN100镀锌管	4	114.3	4.0	—	10.88	65.28	11.53	69.18

2)室内燃气管施工

室内燃气管施工时,先要读懂图纸,阅读技术交底,了解图意。要注意阀门、补偿器、登高管、托架、管道变径、入户室内水平管的位置以及挂表位置。做好人员、设备、材料的配备准备工作。

人员配备:根据工程量的大小,工期的长短,施工现场的需求,合理调配作业班组。

设备配备:根据现场接水、接电的情况,配备电缆,配电箱、水桶、水管。以及钻孔机、切割机、套丝机、各种规格的管钳、活动扳手、电钻、磨光机、电焊机、空压机、施工车辆等工具设备。

材料配备:根据施工现场情况的需要,合理配备。

室内燃气管在施工过程中,需注意以下事项:

①钻孔:严格按图施工,注意用电安全。每个单元的楼板洞应该同轴,吊线定位施工;在燃气管道安装过程中,未经原建筑设计单位的书面同意,不得在承重的梁、柱和结构缝上开孔,不得损坏建筑物的结构和防火性能。保持施工场地清洁,注意对已刷涂料墙面的保护,及时清理施工垃圾。室内燃气管道与装饰后墙面净距离应满足表 3-6 要求。

室内燃气管道与装饰后墙面净距离　　　　　　　　　　　　表 3-6

管子公称尺寸	$<DN25$	$DN25\sim DN40$	$DN50$	$>DN50$
与装饰后墙面净距(mm)	$\geqslant30$	$\geqslant50$	$\geqslant70$	$\geqslant90$

钻孔时,固定好顶杆使之稳固,下压力量适度,钻孔过程中在钻头部位适当加水,起降温和润滑作用。钻孔时要按规定更换钻头,不同管径用不同大小钻头。

②下料:通常下料前,到现场测量楼层的高度。

③镀锌管攻制螺纹:螺纹应光滑端正,无斜丝、乱丝、断丝或脱落,缺损长度不得超过螺纹数的 10%。现场攻制的管螺纹数,一般 $dn\leqslant DN20$ 螺纹数为 9~11 丝,$DN20<dn\leqslant DN50$ 螺纹数为 10~12 丝,$DN50<dn\leqslant DN65$ 螺纹数为 11~13 丝,$DN65<dn\leqslant DN100$ 螺纹数为 12~14 丝。攻制时,DN25 以上管径建议二次进丝,并且用满档攻制,使用机油或冷却液润滑,保证丝扣质量。

④生料带缠绕:缠绕时应按顺时针方向缠绕,并且绷紧,在进丝时不会松劲脱离。

⑤安装:安装时选用适当的工具,拧紧后外露螺纹宜为 1~3 扣。三通口朝向方便挂表(根据立管离墙远近和挂表位置,建议以 15°≤三通口与墙夹角≤30°为最佳)。三通口及时封堵,避免污物进入管道内。立管安装应垂直,每层偏差不应大于 3mm/m,全长不大于 20mm。

⑥支架:管道支架、托架、吊架、管卡的安装应符合下列要求。

A. 管道的支架应安装稳定、牢固,支架位置不影响管道的安装、维修与维护。

B. 每个楼层的立管至少应设支架 1 处。

C. 当水平管道上设有阀门时,应在阀门的来气侧 1m 范围内设支架并应尽量靠近阀门。

D. 不锈钢波纹软管、铝塑复合管直接相连的阀门应设有固定底座或管卡。

E. 钢管支架的最大间距宜按表 3-7 选择。

钢管支架最大间距 表 3-7

管径	最大间距(m)	管径	最大间距(m)	管径	最大间距(m)	管径	最大间距(m)
DN15	2.5	DN40	4.5	DN100	7.0	DN250	14.5
DN20	3.0	DN50	5.0	DN125	8.0	DN300	16.5
DN25	3.5	DN65	6.0	DN150	10.0	DN350	18.5
DN32	4.0	DN80	6.5	DN200	12.0	DN400	20.5

F. 水平管道转弯处应在以下范围内设置固定托架或管卡座：

a. 钢制管道不应大于 1.0m；

b. 不锈钢波纹软管、铜管道、薄壁不锈钢管管道每侧不应大于 0.5m；

c. 铝塑复合管每侧不应大于 0.3m。

G. 支架的结构形式应符合设计要求，排列整齐，支架与管道接触紧密，支架安装牢固，固定支架应使用金属材料。

H. 当管道与支架为不同种类的材质时，二者之间应采用绝缘性能良好的材料进行隔离或采用与管道材料相同的材料进行隔离。

⑦套管：选用同类管材作为套管，宜为大两号管子。楼板套管下端应与楼板底齐平，上端高于最终形成的地面，穿墙套管两端应与墙面齐平。套管内要有填充物填实。并且要封堵牢固不漏水、不脱落（见表 3-8）。

燃气管道的套管公称尺寸 表 3-8

管径	DN10	DN15	DN20	DN25	DN32	DN40	DN50	DN65	DN80	DN100	DN150
套管	DN25	DN32	DN40	DN50	DN65	DN65	DN80	DN100	DN125	DN150	DN200

⑧强度试验：强度试验压力应为设计压力的 1.5 倍且不得低于 0.1MPa。

⑨严密性试验：严密性试验范围应为引入管阀门至燃具前阀门之间的管。通气前还应对燃具前阀门至燃具之间的管道进行检查。低压燃气管道严密性试验的压力计量装置应采用 U 形压力计。

⑩户内镀锌管不建议刷油漆，除非有要求。引户管室外部分镀锌管建议刷黄色警示漆两遍。

3）室内管道安装质量管控

①室内明设或暗封形式敷设的燃气管道与装饰后墙面的净距离，应满足维护、检查的需要，作业班组要 100% 自检，施工员不小于 5% 比例抽检。

②立管安装应垂直，每层偏差不应大于 3mm/m 且全长不大于 20mm。当因上层与下层墙壁壁厚不同而无法垂于一线时，宜做乙字弯进行安装。当燃气管道垂直交叉敷设时，大管宜置于小管外侧，作业班组 100% 进行自检，施工员不小于 5% 比例进行抽检。

③当室内燃气管道与电气设备、相邻管道、设备平行或交叉敷设时，其最小净距离符合下表要求，且作业班组 100% 进行自检，施工员不小于 10% 比例进行抽检。

3. 管道吹扫及压力试验

燃气管道系统安装完毕，在外观检查合格后，必须要先进行管道吹扫，然后再进行管道的功能性试验（见图 3-11）。

图 3-11　管道检查及功能性试验流程

燃气管道功能性试验分为强度试验和严密性试验。强度试验合格是进行严密性试验的前提条件。

强度试验包括气压试验和水压试验两种方式，在管道安装后、设备安装前进行，用以检查管材和接口的强度。严密性试验在管道和设备全部安装完成后进行，用以检查管材和接口的致密性。

（1）一般规定

1）管道安装完毕后应依次进行管道吹扫、强度试验和严密性试验。

2）燃气管道穿（跨）越大中型河流、铁路、二级以上公路、高速公路时，应单独进行试压。

3）管道吹扫、强度试验及中高压管道严密性试验前应编制施工方案，制定安全措施，确保施工人员及附近民众与设施的安全。

4）试验时应设巡视人员，无关人员不得进入。在试验的连续升压过程中和强度试验稳压结束前，所有人员不得靠近试验区。人员离试验管道的安全间距可按表 3-9 确定。

<table>
<tr><td colspan="2">试验时人员离试验管道的安全间距　　　　　　　　　　表 3-9</td></tr>
<tr><td>管道设计压力（MPa）</td><td>安全间距（m）</td></tr>
<tr><td>≤0.4</td><td>6</td></tr>
<tr><td>0.4～1.6</td><td>10</td></tr>
<tr><td>2.5～4.0</td><td>20</td></tr>
</table>

5）管道上的所有堵头必须加固牢靠，试验时堵头端严禁人员靠近。

6）吹扫和待试验管道应与无关系统采取隔离措施，与已运行的燃气系统之间必须加装盲板且有明显标志。

7）试验前应按设计图检查管道的所有阀门，试验段必须全部开启。

8）在对聚乙烯燃气管道或钢骨架聚乙烯复合管道吹扫及试验时，进气口应采取油水分离及冷却等措施，确保管道进气口气体干燥，且其温度不得高于 40℃；排气口应采取防静电措施。开槽敷设的聚乙烯燃气管道系统应在回填土回填至管顶 0.5m 以上后，依次进行吹扫、强度试验和严密性试验。

9）试验时所发现的缺陷，必须待试验压力降至大气压后进行处理，处理合格后应重新试验。

（2）管道吹扫

城镇燃气管道吹扫有清管球清扫和气体吹扫两种。

对于管径一致，距离较长且公称直径大于或等于 100mm 的钢制管道，宜采用清管球进行清扫。球墨铸铁管道、聚乙烯燃气管道、钢骨架聚乙烯复合管道和公称直径小于100mm或长度小于100m的钢制管道,可采用气体吹扫。

管道吹扫应符合下列要求:

1) 吹扫范围内的管道安装工程除补口、涂漆外,已按设计图纸全部完成。

2) 管道安装检验合格后,应由施工单位负责组织吹扫工作,并应在吹扫前编制吹扫方案。

3) 应按主管、支管、庭院管的顺序进行吹扫,吹扫除的脏物不得进入已合格的管道。

4) 吹扫管段内的调压器、阀门、孔板、过滤网、燃气表等设备不应参与吹扫,待吹扫合格后在安装复位。

5) 吹扫口应设在开阔地段并加固,吹扫时应设安全区域,吹扫出口前严禁站人。

6) 吹扫压力不得大于管道的设计压力,且不应大于0.3MPa。

7) 吹扫介质宜采用压缩空气,严禁采用氧气和可燃性气体。

8) 吹扫合格设备复位后,不得再进行影响管内清洁的其他作业。

(3) 通球清管

1) 清管器

清管器是由气体、液体或管道输送介质推动,用以清理管道的专用工具。它可以携带无线电发射装置与地面跟踪仪器共同构成电子跟踪系统。

种类:一般有橡胶清管球、皮碗清管器、直板清管器、刮蜡清管器、泡沫清管器、屈曲探测器等六大系列。

工作原理:在欲作业的管道中,按作业的要求置入相应系列的清管器。清管器皮碗的外沿与管道内壁弹性密封,用管输介质产生的压差为动力,推动清管器沿管道运行。依靠清管器自身或其所带机具所具有的刮削、冲刷作用来清除管道内的结垢或沉积物。

本书重点介绍清管球作业。

2) 清管球

清管球是采用材料为耐腐蚀的氯丁橡胶制成的。分空心球和实心球两种,$DN >$ 100mm的清管球为空心球,管径小于100mm时可用实心球。空心球壁厚为输气管内径的十分之一,空心球上装有气嘴,空心球内充水使用。在冬季,球内应充注防冻剂的水溶液(如甘醇),以防止冻结。清管球在管道内运行时要求具有一定的密封性,因此要求球外径大于输气管内径。

球外径与管内径之差称作过盈量,其过盈量在球未充水时宜为管内径的2%,充水时宜为3%~5%,使球能紧贴管壁不致漏气和漏液。清管球的主要用途是清除管内积液和分隔介质,清除块状物体的效果较差。它不能定向携带检测仪器,也不能作为它们的牵引工具。

优点:扭力大、耐油、耐酸碱、耐老化、抗高温、使用寿命长等。对管道工程的设计、施工、生产和维修带来了极大的便利和效益。

3) 清管球清扫

燃气管道清管球清扫,从始发端压入相应规格的清管球,清管球的外沿与管道内壁弹性密封,用压缩空气产生的压差为动力,推动清管球沿管道内壁运行,直至从末端排出;依靠清管球自身所具有的冲挤刮削作用来清除管道内的杂物、积液、浮锈等,以达到管道内清洁、畅通的目的。

①技术内容

A. 管道直径必须是同一规格，不同管径的管道应断开分别进行清扫。

B. 对影响清管球通过的管件、设施，在清管前应采取必要措施。

C. 清管球清扫完成后，应按照气体吹扫的要求进行检验，如不合格可采用气体再清扫至合格。

②质量管控

A. 通球试验多选择的为耐腐蚀的氯丁橡胶球。因清管球在管道内运行时要求具有一定的密封性，所以要求球外径大于管道内径。

B. 通球清管前，须编制专项施工方案。

C. 试验管段两端操作范围内做好安全围挡、设置警示标识。

D. 组织人员，明确分工并进行安全、技术交底。

E. 清管要求

用清管球清扫管道不是对任何管道都可以随意采用的。决定使用清管球清扫时，必须在管道设计前提出工艺要求，以保证设计、施工中满足以下要求：

a. 被清扫管道的口径必须相同，而且管子的壁厚也不得相差太大（一般应保持在2～3mm以内）。钢管焊接应做到内壁齐平，内壁错边量不大于2mm。

b. 管道支管用焊接三通时，支管与干管连接处的焊口应内壁齐平，不得将支管插入干管焊接。

c. 管道的弯管应采用冲压弯头（采用与管材相同材质的板材用冲压模具冲压成半块环形弯头，然后将两块半环弯头进行组对焊接成形）。煨弯的弯头（指把管加工成弯头），不得施工折皱弯头、焊接弯头与椭圆度较大的弯头。

d. 管道上的阀门必须采用球阀，不能采用闸板阀、蝶阀与截止阀，否则清管球无法通过。球阀必须有准确的阀位指示，安装前应检查。当阀位指示全开时，阀门必须全开，以保证清管球顺利通过。

③试验过程

A. 安装发、收球筒处的进气阀、放散阀、排污阀及首末端压力表；用高压软管连接空气压缩机及发球筒上进气口，同时检查各连接口是否牢靠。

B. 将清管球放入发球筒并推至清管段入口处，对发球端用盲板进行封闭。

C. 打开发球端进气阀，关闭放散阀，同时打开收球端排污阀并关闭收球端放散阀。

D. 启动空气压缩机向发球装置内加压，直至收球端排污阀处有空气外泄（说明清管球已开始移动）。

E. 当清管球受堵时，末端无空气排出，此时发球段压力逐渐增大，当增大至一定程度时（不超过管道设计压力），清管球继续移动。

F. 当排污口排出的气体流速与空压机进气流速基本相同，且连续5min排出的气体颜色为"青烟"状时，可以判定清管球已运行至收球端。

G. 清管球清扫后宜用气体吹扫再吹扫一遍，将管内细小的脏物清理干净。

4）气体吹扫

燃气管道气体吹扫时介质大多采用压缩空气。吹扫时应有足够的压力，但吹扫压力不得大于设计压力。吹扫出的污物和杂物严禁进入设备和已吹扫过的管道。吹扫结束后应将所有暂时加以保护或拆除的管道附件、设备、仪表等复位安装合格。吹扫合格后，应用盲板或堵板将管道封闭，除必须的检查及恢复工作外，不得再进行影响管道内清洁的其他作业。

①技术内容

A. 吹扫气体流速不宜小于 20m/s（聚乙烯燃气管不宜大于 40m/s）。

B. 每次吹扫管道的长度，应根据吹扫介质、压力、气量来确定，不宜超过 500m；当管道长度超过 500m 时宜分段吹扫。

C. 吹扫口应设在开阔地段并采取加固措施，聚乙烯燃气管道排气口还应进行接地处理。吹扫时应设安全区域，吹扫出口前严禁站人。吹扫口与地面的夹角应在 30°～45°之间，吹扫口管段与被吹扫管段必须采取平缓过渡对焊，吹扫口直径应符合表 3-10 规定。

吹扫口直径要求   表 3-10

末端管道公称直径 DN（mm）	$DN<150$	$150 \leqslant DN \leqslant 300$	$DN \geqslant 350$
吹扫口公称直径	与管道同径	150	250

D. 当管道长度在 200m 以上，且无其他管段或储气容器可利用时，应在适当部位安装吹扫阀，采取分段储气，轮换吹扫；当管道长度不足 200m，可采用管道自身储气放散的方式吹扫，打压点与放散点应分别设在管道的两端。

②当目测排气无烟尘时，应在排气口设置白布或涂白漆木靶板检验，5min 内靶上无铁锈、尘土等其他杂物为合格。

（4）管道强度试验

强度试验是指以液体或气体为介质，对管道或储罐逐步加压至规定的压力检验其强度的试验。

根据试验介质的不同，强度试验分为水压试验与气压试验两大类，二者的目的与作用是相同的，只进行其中一种即可。由于水压与气压试验的安全性相差极大，条件允许应优先选择水压试验。

气压试验比水压试验危险的主要原因是气体的可压缩性。气压试验一旦发生破坏事故，不仅要释放积聚的能量，而且会以最快的速度恢复在升压过程中被压缩的体积，其破坏力极大，相当于爆炸时的冲击波。因此，气压试验应有安全措施，该安全措施需经技术负责人批准，并经单位安全部门检查监督。

1）管道强度试验前应具备下列条件：

①试验用的压力计及温度记录仪应在校验有效期内。

②试验方案已经批准，有可靠的通信系统和安全保障措施，已进行了技术交底。

③管道焊接检验、清扫合格。

④埋地管道回填土宜回填至管上方 0.5m 以上，并留出焊接口。

2）管道应分段进行压力试验，试验管道分段最大长度宜按表 3-11 执行（聚乙烯燃气管道试验管段长度不宜超过 1km）。

压力试验管道分段最大长度　　　　　　　表 3-11

设计压力 PN（MPa）	试验管段最大长度（m）
$PN \leqslant 0.4$	1000
$0.4 < PN \leqslant 1.6$	5000
$1.6 < PN \leqslant 4.0$	10000

3）管道试验用压力计及温度记录仪表均不应少于两块，并应分别安装在试验管道的两端，且强度试验用压力计应在校验的有效期内，其量程应为试验压力的 $1.5 \sim 2$ 倍，其精度不得低于 1.5 级。

4）强度试验压力和介质应符合表 3-12 的规定。

强度试验压力和介质要求　　　　　　　表 3-12

管道类型	设计压力 PN（MPa）	试验介质	试验压力（MPa）
钢　管	$PN > 0.8$	清洁水	$1.5PN$
	$PN \leqslant 0.8$		$1.5PN$ 且 $\leqslant 0.4$
球墨铸铁管	PN		$1.5PN$ 且 $\leqslant 0.4$
钢骨架聚乙烯复合管	PN	压缩空气	$1.5PN$ 且 $\leqslant 0.4$
聚乙烯管	PN (SDR11)		$1.5PN$ 且 $\leqslant 0.4$
	PN (SDR17.6)		$1.5PN$ 且 $\leqslant 0.2$

5）进行强度试验时，压力应逐步缓升，首先升至试验压力的 50%，进行初验，如无泄漏和异常现象，继续缓慢升至试验压力。达到试验压力后，宜稳压 1h 后，观察压力计不应小于 30min，无明显压力降为合格。

6）经分段试压合格的管段相互连接的焊缝，经射线照相检查合格后，可不再进行强度试验。

对于室内燃气管道强度试验的范围应符合下列规定：

①明管敷设时，居民用户应为引入管阀门至燃气计量装置前阀门之间的管道系统；暗埋或暗封敷设时，居民用户应为引入管阀门至燃具接入管阀门（含阀门）之间的管道。

②商业用户及工业企业用户应为引入管阀门至燃具接入管阀门（含阀门）之间的管道（含暗埋或暗封的燃气管道）。

城镇燃气室内燃气管道进行强度试验时，待进行强度试验的燃气管道系统与不参与试验的系统、设备、仪表等应隔断，并应有明显的标志或记录，强度试验前安全泄放装置应已拆下或隔断。

（5）气压强度试验

1）技术内容

①对于城镇燃气输配燃气管道应符合强度试验的要求。

②对于城镇燃气室内燃气管道，强度试验压力应为设计压力的 1.5 倍且不得低于 0.1MPa，且应符合以下要求：

A. 在低压燃气管道系统达到试验压力时，稳压不少于 0.5h 后，应用发泡剂检查所有接头，无渗漏、压力计量装置无压力降为合格。

B. 在中压燃气管道系统达到试验压力时，稳压不少于 0.5h 后，应用发泡剂检查所有接头，无渗漏、压力计量装置无压力降为合格；或稳压不少于 1h，观察压力计量装置，无压力降为合格。

C. 当中压以上燃气管道系统进行强度试验时，应在达到试验压力的 50% 时停止不少于 15min，用发泡剂检查所有接头，无渗漏后方可继续缓慢升压至试验压力并稳压不少于 1h 后，压力计量装置，无压力降为合格。

2）质量管控

①管道压力试验介质采用压缩空气。聚乙烯管道在进行强度试验时介质温度不宜超过 40℃。

②管道强度试验时，以压力不降、发泡剂检验无渗漏、目测无变形为合格，并填写强度试验记录。

③燃气管道穿越河流、铁路、公路与重要的城市道路时，下管前宜作强度试验。

（6）水压强度试验

由于压缩空气一般不超过 0.8MPa。当超过 0.8MPa 时一般采用水压试验。为了安全起见，水快充满的时候，再接上试压水泵，只需少量打水，压力就可以满足，而且试压水泵压力较高，可以满足各种压力条件。

对于聚乙烯管道输送天然气、液化石油气和人工煤气时，其设计压力不应大于管道最大允许工作压力，最大允许工作压力（MPa）见表 3-13。

聚乙烯管道最大允许工作压力（MPa） 表 3-13

城镇燃气种类		PE80		PE100	
		SDR11	SDR17.6	SDR11	SDR17.6
天然气		0.50	0.30	0.70	0.40
液化石油气	混空气	0.40	0.20	0.50	0.30
	气态	0.20	0.10	0.30	0.20
人工煤气	干气	0.40	0.20	0.50	0.30
	其他	0.20	0.10	0.30	0.20

由上表可以看出，聚乙烯燃气管段一般不需做水压试验。

1）水压试验过程

施工方法（按设计压力 4.0MPa 举例）一般是利用管道一端已安装截止阀连接试压泵，作为进水端，排水口设在管道另一端，两端各安装压力表 1 块。待各项准备工作结束后，开始往管道注水，待管道注满水后，开启试压泵升压。当压力升至 30%（约 1.8MPa）试验压力时，停机，检查漏点，并进行整改，如无漏点，继续升压。当压力升至 60%（约 3.6MPa）试验压力时，继续停机查漏。最后升至试验压力（6.0MPa），待管道两端压力平衡后开始稳压，无压降，强度试验合格。

试压合格结束后，为保证安全，于管道末端排水，设置排水渠，排水时排水端安排 2 人进行安全监护，引导试压水排入相应场地，泄压结束后，关闭全部阀门。

2）试压介质的置换

①可选用空气或惰性气体置换试压水；如果使用空气或惰性气体，应考虑压缩气体的能量储备。

②试压介质可以用清管器、刮管器或其他清管装置排除。当水被排除后，水的处理应符合国家、地方环境保护的要求。应注意到试压用的全部用水可能需要存放起来直至收到最终排放许可为止。

③水置换后，可根据产品质量和内部腐蚀控制要求决定是否对管线进行干燥处理。

3）技术内容

①试验介质为清洁水，试验压力为设计压力的 1.5 倍。水压试验时，试验管段任何位置的管道环向应力不得大于管材标准屈服强度的 90%。架空管道水压试验前，应临时加固。试压宜在环境温度 5℃以上进行，否则应采取防冻措施。

②试验压力缓升至试验压力的 50% 后，停止充水进行观测，如无泄漏、异常，继续充水使水压升至试验压力，然后停止充水持续观察 1h，期间观测压力计不少于 30min，无压力降为合格。

③水压试验合格后，应及时将管道中的水放净，并按管道吹扫要求进行吹扫。

（7）管道严密性试验

严密性试验应在强度试验合格、管线全线回填后进行试验。试验用的压力计要在检验的有效期内，量程应为试验压力的 1.5～2 倍，其精度等级、最小分隔值及表盘直径应满足表 3-14 要求。

管道严密性试验用压力计要求 表 3-14

量程（MPa）	精度等级	最小表盘直径（mm）	最小分格值（MPa）
0～0.1	0.4	150	0.0005
0～1	0.4	150	0.005
0～1.6	0.4	150	0.01
0～2.5	0.25	200	0.01
0～4.0	0.25	200	0.01
0～6.0	0.16	250	0.01
0～10	0.16	250	0.02

城镇燃气室内燃气管道严密性试验范围应为引入管阀门至燃具前阀门之间的管道。通气前还应对燃具前阀门至燃具之间的管道进行检查。

1）室内燃气管道系统

①低压管道系统

试验压力应为设计压力且不得低于 5kPa。在试验压力下，居民用户应稳压不少于 15min，商业和工业企业用户应稳压不少于 30min，并用发泡剂检查全部连接点，无渗漏、压力计无压力降为合格。

当试验系统中有不锈钢波纹管、覆塑铜管、铝塑复合管、耐油胶管时，在试验压力下的稳压时间不宜小于1h，除对各密封点检查外，还应对外包覆层端面是否有渗漏现象进行检查。

低压燃气管道严密性试验的压力计量装置应采用U形压力计。

②中压及以上压力管道系统

试验压力应为设计压力且不得低于0.1MPa。在试验压力下稳压不得少于2h，用发泡剂检查全部连接点，无渗漏、压力计量装置无压力降为合格。

2）非室内燃气管道系统

①严密性试验介质宜采用空气，试验压力应满足下列要求：

A. 设计压力小于5kPa时，试验压力应为20kPa。

B. 设计压力大于或等于5kPa时，试验压力应为设计压力的1.15倍，且不得小于0.1MPa。

②试压时的升压速度不宜过快。设计压力大于0.8MPa的管道，压力缓升至30%和60%试验压力时，应分别停止升压，稳压30min，并检查系统有无异常情况如无异常情况继续升压。管内压力升至严密性试验压力后，待温度、压力稳定后开始记录。

③严密性试验稳压的持续时间应为24h，每小时记录不应少于1次，当修正压力降小于133Pa为合格。

④所有未参加严密性试验的设备、仪表、管件，应在严密性试验合格后进行复位，然后按设计压力对系统升压，应采用发泡剂检查设备、仪表、管件及其与管道的连接处，不漏为合格。

4. 管道竣工验收

施工单位在工程完工自检合格的基础上，监理单位应组织进行预验收。预验收合格后，施工单位应向建设单位提交竣工报告并申请进行竣工验收。建设单位应组织有关部门进行竣工验收。新建工程应对全部施工内容进行验收，扩建或改建工程可仅对扩建或改建部分进行验收。

（1）工程竣工验收的基本条件：

1）完成工程设计和合同约定的各项内容；

2）施工单位在工程完工后对工程质量自检合格，并提出《工程竣工报告》；

3）工程资料齐全；

4）有施工单位签署的工程质量保修书；

5）监理单位对施工单位的工程质量自检结果予以确认并提出《工程质量评估报告》；

6）工程施工中，工程质量检验合格，检验记录完整。

（2）工程验收应符合以下要求：

1）审阅验收材料内容，应完整、准确、有效；

2）按照设计、竣工图纸对工程进行现场检验，竣工图应真实、准确，路面标志符合要求；

3）工程量符合合同的规定；

4）设施和设备的安装符合实际的要求，无明显的外管质量缺陷，操作可靠，保养完善；

5）对工程质量有争议、投诉和检验多次才合格的项目，应重点验收，必要时可以开挖检验、复查。

（3）工程竣工验收应由建设单位主持，可按下列程序进行：

1）工程完工后，施工单位按工程竣工验收的基本要求完成验收准备工作后，向监理部门提出验收申请；

2）监理部门对施工单位提交的《工程竣工报告》、竣工资料及其他材料进行初审，合格后提出《工程质量评估报告》，并向建设单位提出验收申请；

3）建设单位组织勘察、设计、监理及施工单位对工程进行验收；

4）验收合格后，各部门签署验收纪要。建设单位及时将竣工资料、文件归档，然后办理工程移交手续；

5）验收不合格应提出书面意见和整改内容，签发整改通知，限期完成。整改完成后重新验收。整改书面意见、整改内容和整改通知编入竣工资料文件中。

（4）按照城镇燃气输配工程施工及验收规范，在工程验收时，施工单位应提交以下资料：

1）开工报告、图纸会审记录；

2）施工图和设计变更文件；

3）管材、设备和制品的合格证或试验记录；

4）工程测量记录和管理吹扫记录；

5）管道与附属设备的强度试验和严密性试验记录；

6）工程竣工图和竣工报告；

7）工程整体验收记录；

8）其他应有的资料。

5. 管道置换通气

（1）通气作业应严格按照作业方案执行。用户停气后的通气，应在有效地通知用户后进行。

（2）燃气设施维护、检修或抢修作业完成后，应进行全面检查；合格后方可进行置换作业。置换作业应符合下列规定：

1）应根据管线情况和现场条件确定放散点数量与位置，管道末端必须设置放散管并在放散管上安装取样管；

2）置换放散时，应有专人负责监控压力及取样检测；

3）放散管的安装应符合下列规定：

①放散管应避开居民住宅、明火、高压架空电线等场所；当无法避开居民住宅等场所时，应采取有效的防护措施；

②放散管应高出地面 2m 以上；

③对聚乙烯塑料管道进行置换时，放散管应采用金属管道并可靠接地；

④用燃气直接置换空气时，其置换时的燃气压力宜小于 5kPa。

（3）燃气设施置换合格恢复通气前，应进行全面检查，符合运行要求后，方可恢复通气。

6. 管道施工的安全常识

（1）在沿车行道、人行道施工时，应在管沟沿线设置安全护栏，并应设置明显的警示标志。在施工路段沿线，应设置夜间警示灯。

（2）在繁华路段和城市主要路段施工时，宜采用封闭式施工方式。

（3）在交通不可中断的道路上施工，应有保证车辆、行人安全通行的措施，并应设有负责安全的人员。

（4）六级以上强风、雷雨或暴雨、风雪和雾天禁止露天高处作业。

（5）槽、坑、沟、边 1m 范围内不得堆土。

（6）氧气瓶和乙炔瓶工作间距不应少于 5m，它们离动火点的距离应大于 10m。

（7）开挖坑（槽）沟深度超过 1.5m 时，必须根据土质和深度放坡加可靠支撑。

4 燃气管网运行

燃气管网巡查是确保在役燃气管网安全运行的重要手段，对燃气经营企业的安全、稳定运行和发展至关重要。随着企业安全生产标准化工作的不断发展和持续推进，如何规范化开展管网巡查并确保管网巡查工作的有效性是燃气经营企业需要迫切关注的工作。本章将重点讲述燃气管网巡查的关键点和常见问题，实现管网巡查工作的规范性和体系建设，强化管网巡查工作基础，夯实管网巡查人员综合素养，建立健全管网巡查档案建设，推进燃气经营企业管网巡查工作的稳步提升。

4.1 管网巡查

1. 巡线的目的与意义

巡线顾名思义就是对管线进行巡查，绝大多数管网隐患是由巡查人员发现和报告的，因此管网巡线工作的重要性不言而喻。对于燃气经营企业来说，巡线是燃气管网日常生产工作中最常用工作手段，巡线工作的质量直接关系到燃气管网的安全稳定运行。由于城市燃气管网遍布市区的大街小巷，各家各户，分布面广且零散，隐藏的不安全因素多，一旦发生事故，影响面很大。在使用过程中，随着使用年限的增长，管线的腐蚀也日益严重，腐蚀穿孔现象时有发生，同时第三者破坏造成燃气泄漏、发生事故也时有发生。巡检工作是燃气管网安全运行的重要保障，避免、降低此类事故的发生、保护居民用户和燃气公司财产不受损失为当前安全运行管理的重中之重。

燃气管网巡线就是由燃气经营企内部业员工或委托第三方机构劳务人员采取车辆或徒步形式沿着运行管网进行巡查和维护工作。巡线人员通过肉眼观察或专用仪器检查，发现是否存在可燃气体泄漏、管道裸露、违章建（构）筑物、安全间距不足、野蛮施工等异常现象。对发现的问题或隐患进行综合风险分析并及时汇报，详细记录隐患、事件相关信息，及时跟进隐患或事件的处置进展，从而达到管网巡查的目的。

2. 管网分级

（1）管网分级的目的

城镇燃气管网压力等级区别大、管网材质不同，管网运行时间差异化大，随着城市不断发展和管网运行时间与里程的不断拓展，不同类别类型的管网出现不同程度的老化，各类隐患也相继发生，如何做好管网巡查工作，是燃气经营企业必须要认真和谋划的工作。通过对相关数据的汇总和分析，要将现有燃气管网进行分级管理，突出重点部位和设备，在运行过程中根据运行反馈进行动态调整，从而做到有的放矢，降低人力运行成本，将隐患时刻处于动态监管之中，从源头消除安全事故的萌芽，为管网安全稳定运行奠定基础。

（2）燃气管网运行管理分级标准

　　以使用管网的压力等级、运行时间为基础，综合考虑燃气管道材质、施工工艺、附属设备设施、防腐处理以及土壤腐蚀情况，此外还需要考虑杂散电流、施工质量以及后期运行维护质量等数据作为管网分级的主要参考依据。表 4-1 给出了燃气管分级管理的标准以及不同管网巡查的周期，考虑到第三方施工、新通气管道以及风险系数高等级地区的特殊性，因此将管网分为一级、二级、三级和重点部位四个等级。

管网分类参考　　　　　　　　　　表 4-1

序号	级别	管道材质	类别	界定条件	巡线周期（建议值）
（一）	一级	钢管	1	使用年限超过 20 年	一周两次
		不分材质	2	同区域 30 天内发生两起泄漏	
		不分材质	3	所有市区中压环管（环城路、一环路、二环路）	
		不分材质	4	门站、高压管网等储气设施到中压管网的联络线、中压调压站进、出气管道等主干管网	
		不分材质	5	其他需要按一级要求巡线的管段	
	二级	钢管	1	中压管道	一周一次
			2	使用年限 10 年以上 20 年以内低压管道	
		PE 管	3	中压管道	
		铸铁管	4	所有管道（含镀锌管）	
	三级	钢管	1	使用年限 10 年以内低压管道	两周一次
		PE 管	2	低压管道	
（二）	重点部位		1	施工围挡范围内有燃气管道	一天一次
			2	存在滑坡、塌方危险的地段	
			3	新通气管线 24h 之内	
			4	燃气管道自然泄漏未处理区域	

　　3. 管网巡查

　　（1）巡查内容

　　管网巡查的主要内容可以分为以下几类：可燃气体泄漏、违章占压、安全间距不足、第三方施工、设备设施故障、图纸错误。为了便于在工作中有效履行巡线人员工作职责，可以按照地点和设备设施类型进行分类。

　　1）管网：主要检查管网沿途是否存在可燃气体泄漏、管线沿途自然环境或地形地貌是否有明显变化、管网是否有裸露、是否有建（构）筑物占压或安全间距不足、管线上方是否有塌陷以及管网周边是否有采矿或倾倒腐蚀性化学品等情况。

　　2）标识：主要检查标志桩、警示牌、标识贴等警示外观是否完好，标识间间距是否符合相关规定，警示标识是否字迹清晰、内容完整。

　　3）阀门井：井盖、井圈完好，阀门井内无积水和其他杂物，阀门井 2m 内不得有杂物堆积；阀门井内无可燃气体泄漏，膨胀节无变形并且有足够补偿余量；阀门执行机构能够正常执行动作。

4）阀室：部分高压燃气管线用阀室代替原有阀门井，检查阀室时应确认阀室内可燃气体报警器无报警方可进入，检查阀室内法兰连接、螺纹连接等部分是否存在可燃气体泄漏，新建设管道还要检查管道是否下沉、托架是否悬空，阀室内消防器材压力正常、处于有效使用期内、外观完好。

5）入户立管：管道外观完好，无锈蚀、漏气、无掉漆，管线上方无悬挂杂物、无电线缠绕等隐患。

6）调压设施：主要分为调压箱、调压柜、调压站，在对调压设施进行巡查时首先做到巡查人员自身穿戴防静电工作服和防静电工作鞋，关闭电子设备，检查相关警示标识是否完好，检查消防设备设施是否完好，安全范围内无易燃易爆物品和建（构）筑物。

7）第三方施工现场：第三方施工现场巡查是管线巡查工作的重中之重，重点检查施工方是否有施工审批手续、施工人员是否持证上岗、安全交底内容是否详细、现场安全警示标识是否完整、施工方是否了解管网基本情况、管网安全控制区域是否存在野蛮施工等项目。

8）对各类管网和设备设施进行检测，要及时发现各类可燃气体泄漏隐患，及时发现、及时报告、及时解决、及时记录。

（2）巡视周期

根据管网分级的标准，结合管网运行实际情况和管网所处地理环境综合考虑进行巡视周期设计：

1）中低压一级管网一周至少巡线两次；二级管网一周至少巡线一次；三级管网两周至少巡线一次；重点部位一天巡线一次。

2）高压/次高压管网一天巡线一次。

需要特别指出的是以下5种情况需要增加巡查频次，缩短巡查周期：

①新投入运行的燃气管道和设备设施；

②第三方施工频繁地区；

③人口密集地区或敏感地区，如商场、学校、监狱、车站等位置；

④燃气管道与其他管道有交叉，特别是与地下市政管道交叉处；

⑤穿越铁路、高速、河流、隧道等特殊位置。

（3）低压巡线管理

1）低压巡线时，巡线员须携带智能巡线终端和燃气查漏仪，步行进行巡线。

2）巡线过程中发现的管道埋深、材质、路由等GIS图纸信息错误、变更时，应及时将更改后的信息报至信息管理部门。

3）低压巡线时，巡线员应当严格按照管线图纸用查漏仪仔细巡查小区内表箱、立管、凝水井等设施。

4）应仔细观察管道沿途状况，严禁在管道上方修造建筑物或堆放物料，管道沿线不应有燃气异味、水面冒泡、树草枯萎和积雪表面有黄斑等异常现象等。

5）管道安全保护距离内不应有土壤塌陷、滑坡、下沉、人工取土、堆积垃圾，重物、种植深根植物及搭建建（构）筑物或存在管道裸露等情况；对于在管线安全保护范围内的一切施工应该及时制止，并及时向部门领导报告，管线负责单位应安排专人与施工单位进行安全技术交底，在施工单位采取有效的保护措施后方可给予施工。

6）对各种管沟与燃气管道交叉距离较近等地段必须进行检查（包括附近电力、污水、雨水等管沟及窨井的检查）。

7）在巡线中发现安全隐患应及时上报并采取有效处理措施；发现漏气及时报告，并做好现场监护，与抢险人员做好交接后才可离开。

8）巡线人员应定期向周围单位和住户询问有无异常情况。

9）巡线员须按时、认真填写巡线日报表，并定期上报。

（4）中压巡线管理

1）中压巡线时，巡线员须携带智能巡线终端和燃气查漏仪，电动自行车辅助进行巡线。

2）巡线过程中发现的管道埋深、材质、路由等 GIS 图纸信息错误、变更时，应及时将更改后的信息报至信息管理部门。

3）中压巡线时，巡线员必须按照管线图纸用查漏仪仔细巡线道路上的所有燃气设施。

4）应仔细观察管道沿途状况，严禁在管道上方修造建筑物或堆放物料，观察管道标志是否完好无损；管道沿线不应有燃气异味、水面冒泡、树草枯萎和积雪表面有黄斑等异常现象等。

5）管道安全保护距离内不应有土壤塌陷、滑坡、下沉、人工取土、堆积垃圾，重物、种植深根植物及搭建建（构）筑物，或存在管道裸露等情况；对于在管线安全保护范围内的一切施工应该及时制止，并及时向部门领导报告，管线负责单位应安排专人与施工单位进行安全技术交底、在施工单位采取有效的保护措施后方可给予施工。

6）对各种管沟与燃气管道交叉距离较近等地段必须用查漏仪进行检查（包括附近电力、污水、雨水等管沟及窨井的检查）。

7）在巡线中发现安全隐患应及时上报并采取有效处理措施；发现漏气及时报告，并做好现场监护，与抢险人员做好交接后才可离开。

8）巡线人员应定期向周围单位和住户询问有无异常情况。

9）巡线员须按时、认真填写巡线日报表，并定期上报。

10）对投入运行的阀门井，安排专人半年对阀门进行开/关一次，检查阀门开启情况、气密性情况；观察井内有无异物，并予以及时去除，以免影响阀门的正常开关。

（5）高压、次高压巡线管理

1）巡线时，巡线员须携带智能巡线终端进行巡线。

2）保证燃气设施及附属设施的完好性。

3）高压、次高压管道每年泄漏检查一次。

4）巡线过程中发现的管道埋深、材质、路由等 GIS 图纸信息错误、变更时，应及时将更改后的信息报至信息管理部门。

5）应仔细观察管道沿途状况，管道沿线不应有燃气异味、水面冒泡、树草枯萎和积雪表面有黄斑等异常现象等，发现异常情况后应及时向部门领导报告，执行部门领导指令。

6）管道安全保护距离内不应有土壤塌陷、滑坡、下沉，发现异常情况后应及时向部门领导报告，执行部门领导指令。

7）对各种管沟与燃气管道交叉距离较近等地段必须用仪器进行检查（包括附近电力、污水、雨水等管沟及窨井的检查）。

8）在巡线中发现泄漏、堆积垃圾（重物）、种植深根植物、搭建建（构）筑物、占压、土方施工及其他工程施工、管道裸露等重大安全隐患应及时上报并采取有效处理措施，并做好现场监护，管线负责单位应安排专人进行现场处置。

9）应每年对阀门进行开/关一次，检查阀门开启情况、气密性情况；观察井内有无异物，并予以及时去除，以免影响阀门的正常开关。

10）巡线人员应向周围单位和住户做好安全宣传工作。

11）巡线员须按时、认真填写巡线日报表，并定期上报。

（6）其他要求

1）巡线人员应该熟练掌握和运用巡线档案所包括的内容。

2）巡线人员上岗前必须签订巡线岗位安全管理责任书，有效期一年；管线责任单位建立巡线人员巡线个人档案。

3）巡线人员在进行交底过程中，对施工方不理会、不配合情况，注意保留相关文字或照片材料，并及时逐级汇报。

4）新增管线通气后及时纳入巡线计划，巡线任务责任到人。

5）原则上不得随意抽调巡线人员参与其他工作，巡线人员确因其他重要工作或年休、病事假须及时调整智能巡线系统计划任务。

6）对新增燃气管网，管线责任单位按规定粘贴道路燃气管道标识，不得漏贴、错贴。

7）建立巡线工作立体监督体系：燃气企业生产运行管理部门每月组织专题检查，管线责任单位每月定期检查巡线人员智能巡线终端巡视轨迹、每月现场抽查巡线人员工作情况。

8）管线责任单位建立巡线安全交底汇总周报表。巡线员与施工方进行燃气管线图纸技术交接后要及时填写表格，交底档案统一存档。

巡线员的注意事项见表4-2、表4-3。

巡线人员安全注意事项　　　　　　　　　　　　　　表4-2

序号	项　目
1	野外巡线注意蚊虫、蛇叮咬
2	夏季巡线携带仁丹、风油精，11：30～14：00时间段减少室外作业，预防中暑
3	野外作业时确保电话信息传递畅通，两人配合作业
4	第三方施工现场交底、监护做好个人防护用品穿戴
5	在第三方施工现场要遵守施工方现场安全注意事项
6	驾车巡线时要遵守交通法律法规，不疲劳驾驶，不酒后驾驶
7	每日上岗前进行个人健康自检，有明显身体不适要主动请假

序号	项　目
8	雷雨天气注意调整作业计划，切忌大树下躲雨
9	冬季巡线注意安全，避免滑倒，车辆随车配备防滑链
10	每日工作前检查车辆状况和设备设施状况

巡线作业注意事项　　　　　　　　　　　　　　　　　　表 4-3

序号	项　目
1	警示标识是否完好，是否丢失、移位
2	安全间距以内是否有建（构）筑物
3	管网周边是否有垮塌、沉陷、滑坡、人工取土、堆土、采石和倾倒垃圾等行为
4	管线上方是否种有深根植物
5	管线上方是否草木枯黄，有积水地方是否有气泡
6	管网上方是否有第三方施工，地质勘探
7	有施工迹象要及时跟进，密切关注

4. 管网防护

管网防护工作主要就是第三方施工交底与监护工作，流程化、制度化、规范化、标准化的施工交底和看护工作直接决定管网及其附属设备设施的安全稳定运行。鉴于此，本章节重点讨论第三方施工交底和管网安全简化。

（1）第三方施工

1）第三方施工活动的事前痕迹

①周边有设计人员进行前期设计规划；

②有施工机械或建筑材料堆积；

③郊外管线周边出现大量人员活动的痕迹；

④政府公示道路建设或拆迁信息；

⑤管网周边的其他诸如市政设施发生损坏；

⑥小区物业和工厂内部公布的相关改造信息。

2）第三方施工的区域特征和施工特点

①人口集中区域，随着人口数量增加，地面活动会相对比较频繁，相应对原有市政设备设施、道路进行改造。这类地区存在大量花园建设、绿化施工、电信以及电网施工、修筑围墙、修建停车场等建设活动。这类施工通常具有突然性，有可能夜间连夜施工，施工单位多为私人施工。

②市郊地区：随着城市不断发展，城市区域不断延伸，市郊地区为适应城市发展，会出现大面积拆迁、修路、建房等施工。这类工程通常建设时间长，设计施工单位多，施工单位多为正规施工公司。

③新建设道路附近地区：新建设道路建设完成后，周边配套设备设施会相应进行建

设，多为住宅建设、电信和电力、水务施工。该类事故种类多、施工方人员素质参差不齐，存在顶管等隐蔽施工，施工单位组成复杂。

④地铁和铁路施工：随着经济的不断发展，近年来高铁施工和地铁事故频繁，该类施工点多面广周期长，局部施工对采取非开挖的燃气管道都有影响，施工安全交底难度较大，这类工程多由央企开展施工，人员职业技能水平相对较高，施工较为规范。

3）第三方施工对管道形成隐患的种类

①直接碰撞：施工过程中施工机械直接与燃气管道发生碰撞，造成泄漏或爆炸。

②间距不足：施工过程导致建（构）筑物与燃气管线安全间距不足。

③电磁影响：地铁运行过程中产生的磁场可能对采用外加电流保护装置的燃气管道防腐系统造成损坏。

④轻微剐蹭：施工机械与管网轻微接触，划伤防腐层。

⑤附件破坏：施工过程对警示标志，防腐保护装置等造成损坏。

4）形成第三方施工隐患的原因

①燃气管道覆土深度不足；

②燃气管道警示标志埋设错误和缺失；

③燃气企业安全交底图纸、信息不齐全或错误；

④施工方未按照安全交底要求组织施工；

⑤施工方操作人员不具备机械操作资格和经验不足；

⑥施工机械突发故障导致操作失误；

⑦巡线人员巡线频次不足；

⑧巡线人员巡线路线设计不合理，存在盲区；

⑨巡线人员工作不认真，未及时发现施工隐患；

⑩施工方施工前未与燃气经营企业进行联系；

⑪燃气经营企业获知第三方施工信息未及时采取措施；

⑫燃气经营企业提供不合理保护方案。

5）第三方施工交底流程

巡线人员在施工交底时要注意对现场信息采集和己方提供数据的核对，对于燃气非开挖施工管道必须要进行现场开挖，确认深度。实践总结口诀：

施工破坏危害大，巡检途中仔细查；

工作人员需注意，交底过程莫大意；

一问施工之方案，二来管位大致谈；

三连线路与仪器，四把具体管位探；

五用油漆标记明，六要开挖见管顶；

七插标牌示管线，八嘱机械作业员；

九细签署交底书，最后一步是看护；

周期长久方案变，重复交底心中念；

以上工作全做好，拍照上传不能忘。

6）第三方交底工作事项（见表4-4）

交底工作事项　　　　　　　　　　　　　表 4-4

管网交底	安全交底	将管网三维信息、施工安全注意事项告知监理方、建设方、施工方（或其中一方）
	信息采集	采集项目涉及施工方、建设方、监理方等相关人员信息
		采集项目施工方案等相关信息
	管网保护方案	与施工方共同制定并落实管网保护方案，确保工程施工处于可控状态
	定期重复交底	对于施工工期长（超出一个月）的项目，定期进行重复交底
	交底信息上传	及时将交底人员以及交底书明细拍照上传

7）第三方交底书签订范本

第三方施工交底书的签订是第三方施工交底工作的重点，也是后续相关工作开展的直接证据，这里结合运行实际提供第三方施工交底范本。

燃气管道及设施安全交底记录及保护告知书（范本）

为保证贵公司工程建设顺利进行，我公司对贵公司施工范围内的燃气管道及设施进行现场安全交底，请贵公司在施工过程中采取安全措施做好燃气管道及设施的保护。

一、贵公司建设施工范围及时间安排

二、燃气管道及设施安全交底事项

交底人：_____ 电话：_____ 交底时间：_____ 资料签收人：_____

公司名称：_____ 签收人电话：_____ 签收时间：_____

1. 交底图纸：共_____份_____张。

表 1

序号	图纸名称	图号	备注
1	燃气管网示意图（可参考 GIS 截图）		
2			

2. 交底管网情况

表 2

管网情况	管长（m）	过路管（处）	阀门井（个）	非开挖施工（处）	备注
合计					

三、燃气管道及设施保护方案

1. 燃气管道及设施的安全保护范围

距离燃气主管道 5m 以内；距离燃气阀门及调压站 6m 以内。

2. 燃气管道及设施保护的技术措施

（1）请贵公司根据我公司交底资料，掌握施工区域内燃气管道走向和材质，明确施工区域内燃气井、调压器等设施位置，并将相关信息反馈工程建设单位、监理单位和施工单位。施工方案变更或改变、施工区域超出安全交底范围，应及时联系我公司重新现场交底，重新交底前请勿施工。

（2）施工开挖前，组织人员在我公司指导下人工开挖探坑，探明燃气管道实际位置。弯头和三通处均需人工开挖探坑，直管段按不超过200m距离人工开挖探坑。探坑开挖宜用铁锹、铁镐等工具谨慎作业，确保燃气管道和设施不受损坏，若挖到警示带、回填沙层时必须格外注意，小心扒开土层或砂层使下方管道裸露。

（3）若燃气管道埋深过浅（标准埋深：机动车道下0.9m、非机动车道人行道下0.6m、机动车不可能到达的区域0.3m）、新施工永久构筑物位置与燃气管道及设施冲突或开挖将造成燃气管道及设施暴露、悬空时，应提前与我公司协商确定管道迁移或悬吊加固等保护措施；贵公司应保证施工机具、设备、过往车辆与燃气管道及设施保持施工间距，避免车辆通行或起吊重物时碰撞损坏。

（4）燃气管道位置不清严禁机械开挖、钻孔、非开挖（顶管、定向钻）等施工作业。非开挖等隐蔽工程交底资料仅作为参考，具体管位和深度以探沟现场开挖或其他科学技术手段实测为准。

四、贵公司职责

根据《城镇燃气管理条例》及燃气管道保护相关要求，贵公司在施工过程中应对燃气管道及设施履行以下安全保护职责：

1. 在燃气管道及设施保护范围内，从事敷设管道、打桩、顶进、挖掘、钻探等可能影响燃气管道及设施安全活动的，应当与我公司共同制定燃气管道及设施保护方案，并采取相应的安全保护措施。

2. 新建、扩建、改建建设工程，不得影响燃气管道及设施安全。贵公司在开工前，应当查明建设工程施工范围内地下燃气管道的相关情况。安排其他相关方出席燃气管道及设施安全技术交底，收取、留存施工范围内燃气管道及设施图纸，保证燃气管道及设施安全间距符合规范要求。

3. 禁止野蛮施工破坏燃气管道及设施，对保护范围内的燃气管道及设施施工时提前与我公司联系，并共同到现场确定迁移或保护方案。加强施工队伍安全教育，强化安全责任意识，做到安全文明施工。

4. 在施工中，应按照我公司人员现场指导，对燃气管道及设施进行保护。一旦燃气管道及设施遭到施工破坏，贵公司应立即保护现场、严禁烟火、保持现场通风，及时拨打我公司电话×××××××××，报告险情，积极配合我公司进行燃气抢险，并承担相应责任。

五、交底其他相关方

表3

单位名称	人员	职务	联系电话	备注

年　　月　　日

第三方施工监护

(1) 立项和派单

1) 项目立项

①初期获取（下派工单）；

②日常采集（交底、监护、机械手交底等）。

2) 派单

①制定方案；

②明确职责（巡线负责人、技术人员、巡线人员）。

(2) 施工闭环管理

1) 管理方案制定（技术人员）。

2) 方案执行（巡线人员）。

①施工信息确认；

②施工交底；

③安全措施落实、检查；

④施工机械、操作人员档案；

⑤现场管理过程记录；

⑥次日施工信息采集。

3) 施工结束后验收（巡线负责人、技术人员）。

4) 验收不合格项改进（巡线负责人、技术人员每周检查）。

(3) 资料汇总

1) 施工管理 PDCA 管理资料

①交底资料；

②施工管理日志；

③施工机械、操作人员档案；

④施工机械档案；

⑤操作人员档案。

2) 图片资料

①施工开始前现场照片；

②施工现场照片；

③施工结束后现场照片。

3) 检查反馈及整改资料

①管线运行部门每月不少于一次安全检查并形成书面反馈；

②巡线人员在接受安全检查反馈后制定整改计划，及时整改。

(4) 岗位职责说明

表 4

操办人	职 责	备注
巡线负责人	1. 巡线负责人获得施工信息及时告知派单人员，派单人员及时以工单的形式下发给所在管段的巡线人员； 2. 巡线负责人须到现场对重大第三方施工进行技术交底； 3. 定期对在建施工进行抽查，检查现场对我管道安全保护措施是否执行到位； 4. 定期对巡线人员进行岗位培训，提高巡线人员对第三方施工管理的认识度	
技术员	1. 获得施工信息后，及时告知派单人员以工单的形式下发给所在管段的巡线人员； 2. 到施工现场对一般第三方施工进行技术交底； 3. 配合巡线负责人对第三方施工现场安全保护措施进行检查； 4. 配合巡线负责人做好对巡线人员的岗位培训； 5. 及时收集第三方施工交底书、监护日志等施工信息，做好第三方施工档案管理	
派单人员	1. 派单人员及时对获取的施工信息进行处置； 2. 施工信息的处置必须以工单的形式下发给各段巡线人员，并做到全过程跟踪监管； 3. 派单人员对第三方施工管理制度进行安全监管工作，确保我管道不受第三方施工机械破坏； 4. 派单人员负责施工现场信息（交底书、监护日志）整理、记录工作	
巡线人员	1. 配合巡线负责人做好第三方施工技术交底工作； 2. 及时获取施工信息，了解施工进度与计划； 3. 做好第三方施工现场安全保护措施（根据施工现场具体情况）； 4. 做好第三方施工监护工作，每日监护工作结束后及时将监护日志、机械手交底信息上报到监管中心，监护过程中掌握施工现场施工机械数量及机械作业开始与结束时间； 5. 每日对施工现场进行巡查，并及时将施工现场信息上传到智能巡检系统	

（5）管道保护措施

表 5

	管网保护安全措施	施工现场具体保护措施（根据现场实际情况）
管道保护方案	1. 现场插警示牌（5m左右插一个）； 2. 现场使用自喷漆进行警示（字体大小须醒目，字迹工整；内容：××有燃气高压管道如需施工请提前联系我方，电话：×××××××××）； 3. 对我管道两侧拉警示带进行保护； 4. 根据实际现场情况对此管道两侧埋标志桩起到警示作用	

（6）施工机械、操作人员档案管理

表6

项目	作业内容	现场作业情况	备注
施工机械管理	1. 施工机械数量获取； 2. 施工现场信息获取		
施工人员交底	1. 机械手现场交底； 2. 安全施工告知卡派发		

（7）现场管理过程记录

表7

项目	作业内容	现场作业情况	备注
施工监护	1. 安全监护； 2. 监护信息上传		
现场巡查	1. 施工现场每日巡查； 2. 施工现场照片上传		
	了解施工进度		

（8）次日施工信息采集

表8

地点	
次日施工安排	
	施工项目负责人	

（9）施工结束后验收

表9

检查人	
安全保护措施	
管道	
管道附属设施	

（10）验收不合格项改进

表 10

检查人			
整改责任人			
检查结果		改进结果	
不合格项 1		改进结果 1	
不合格项 2		改进结果 2	

(11) 施工监护日志

表 11

时间		监护人		
地点				
机械数量				
距管道距离				
机械手交底情况				
交底情况				
监护情况记录	有无碾压、塌陷			
	警示标牌、标志桩、测试桩情况			
	安全间距不足及违章占压情况			
	当日监护工作			
	施工方次日施工情况安排			
		签字		
备注				

(12) 施工机械手每日交底记录表

表 12

工程项目					
是否交底	是□ 否□	是否监护		是□ 否□	
时间	施工机械数量/类型	影响管段长度/距管网距离	交底人	机械手	项目责任人

70

续表

工程项目			

机械手每日交底内容

1. 询问对方今日施工动向。

2. 告知机械手我司天然气高压管线大致位置及深度。

3. 对机械手进行安全宣贯（我方管网最高压力达到4MPa，如果盲目施工导致破坏，会对您本人及周边人员造成人身伤亡和财产损失等严重后果，并承担相应的法律责任。若施工进入我方管道8m范围内，须及时联系我方工作人员，待我方人员赶至现场进行技术交底并现场监护施工。在我工作人员未到达现场之前，请务必停止一切施工行为）。

4. 检查管线附近警示措施是否完好、醒目。

5. 向机械手递交我司工作人员名片，并交底签字

（13）施工机械档案

施工机械汇总表　　　　　　　　　　　　　表13

编号	车辆牌照	车型	机械手	联系方式	车辆异动情况
J1					
J2					
J3					
J4					
J5					
J6					
J7					
J8					
J9					

（14）操作人员档案

表14

序号	机械手姓名	联系方式	人员异动情况
R1			
R2			
R3			
R4			

序号	机械手姓名	联系方式	人员异动情况
R5			
R6			
R7			
R8			
R9			

（15）巡线人员标准化作业自查表

表 15

施工现场管理	施工监护	安全区域内有工程机械或人力土方开挖施工，必须有专人监护	完成□ 未完成□
	施工时间管理	在施工开工前到达现场	完成□ 未完成□
		确认当日施工作业结束/在施工人员完全撤离现场后离开现场	完成□ 未完成□
	施工机械管理	掌握施工现场施工机械数量、作业计划、开始/停止工作时间，保证施工行为可控	完成□ 未完成□
	施工人员交底	每日协同施工项目部管理人员（或监理方）共同对现场施工操作人员进行交底并要求操作人员签字，遇到操作人员不在施工机械内或附近的情况时，需现场留下安全施工告知卡	完成□ 未完成□
	信息采集	每日采集施工现场相关信息，并及时拍照、上传	完成□ 未完成□
	安全保护措施落实	督促并保证管网保护安全措施得到有效执行	完成□ 未完成□

5. 常见问题及处理

（1）第三方施工人员拒绝配合管网安全交底

拒绝施工安全交底的大多属于私人建设，大多数无施工许可，针对这类情况可采取以下措施：

1）现场安全告知，讲解《城镇燃气管理条例》等内容，明确野蛮施工的危害；

2）要求提供施工市政许可，若无施工许可，大多数施工单位若以其他理由推辞，此时可联系市政部门介入；

3）如提供相关施工许可，可以直接与建设方联系，协调解决；

4）在建设方协调不力情况下，下发函件至施工监理部门，告知危害性；

5）在沟通建设方、施工方、监理方无果情况下，可直接与当地燃气主管部门反馈，请求政府介入；

6) 完成安全交底工作后，每日巡视不少于一次，拍照留存。

（2）违章建筑的处理

1) 主动协调业主，下发隐患整改告知书，告知危害，请求拆除；

2) 若对方拒签，可将隐患整改告知书贴在显目位置，保留现场协调图片可积极动员联系社区居委会上门规劝；

3) 强化安全检查，每日不少于一次可燃气体检测，积极宣传燃气安全知识；

4) 在上述工作无果情况下联系当地安监和燃气管理部门介入，需要注意的是大多数违章建筑无土地使用许可，因此针对无规划许可的违章建筑请求土地执法部门介入效果更佳；

5) 违章建筑拆除后，拍照留存，密切监控 2 周，避免违章建筑再次搭建，并将此处作为重点巡视地段；

6) 对于部门违章建筑整改较复杂的应及时以书面形式报送安监部门，引起主管部门重视挂牌督办。

（3）穿越山区等特殊地段巡线人员难以进入巡线的位置

1) 适当调整巡线计划，由于山区等特殊部位大型施工机械难以进入，建议可以每周进行一次巡查；

2) 重点关注自然地理环境变换和周边施工机械的足迹，暴雨和大雪天气后及时进行管网巡查；

3) 与周边群众建立信息沟通机制，每日进行信息沟通；

4) 随着无人机技术的不断发展和成熟，对人员难以进入的区域建议可以考虑无人机巡线（电力系统巡线工作已经开始有无人机介入）。

（4）对远离城镇高压燃气管线的巡线方式

综合国内燃气经营企业的通行做法主要采取正式员工巡线和外部劳务外包人员巡线结合方式。

1) 正式员工熟悉管网运行位置，确立重点巡视地段，每日进行巡视，此外负责第三方施工现场和场站、阀室、阀门井等重点部位的巡查；

2) 通过第三方劳务公司聘请管线沿途人员，对管网进行全覆盖、无盲区巡查；

3) 建立完善 GIS 智能巡检系统，对正式员工和外部劳务人员进行工作任务完成情况进行核查；

4) 每月现场对巡线质量进行抽查并保存记录。

需要特别之处的是要加强劳务外包人员的教育培训和监督管理，要求保留所有原始纸质资料和图片存档记录。

6. 管网巡检制度及程序建立

管网巡检制度必须明确写明制度目的、适用范围、人员组织和人员职责、工作程序和注意事项、教育培训、档案管理、考核奖励、修改记录和实施时间等几个方面。

管网巡检程序主要以操作规程或作业指导书形式体现，务必将工作中情况考虑清楚，可以根据不同压力等级管道确立不同作业规范和标准，从人员安排到机具准备，从人员安全到设备安全等方面做详细说明。

某公司作业指导书（范本）

表 1

××燃气公司	××燃气公司高压管网巡查工作业指导书		
编号：GG—	编写：	校对：	审核：

1. 范围

本作业指导书针对高压管网所有正式巡查员工。

2. 引用文件

2.1《城镇燃气管理条例》（国务院令第 583 号）；

2.2《合肥燃气集团高压天然气巡视管理规定》；

2.3《燃气管网分级及巡线管理规定》QG/HR09.09—2014；

2.4《燃气管线巡查管理规定（修订）》QG/HR09.09—2008；

2.5《天然气管道、燃气设施突发事故应急处置管理规定》QG/HR09.14—2014；

2.6《高压天然气管道、燃气设施突发事故应急处置管理规定》QG/HR09.08—2014；

2.7《天然气抢险安全管理规定》QG/HR08.12—2012；

2.8《城镇燃气设施运行、维护和抢修安全技术规程》CJJ 51—2016；

2.9《燃气管网第三方施工安全交底、保护管理规定》QG/HR09.06—2015；

2.10《城镇燃气标志标准》CJJ/T 153—2010；

2.11《车辆管理规定》QG/HR14.01—2015；

2.12《埋地燃气管路面标志设置、维护管理规定》QG/HR09.13—2009；

2.13《埋地钢质管道强制电流阴极保护设计规范》SY/T0036；

2.14《牺牲阳极直接法保护技术规范》DB31—T340；

2.15《智能巡检系统操作维护标准》QJ/HR11.141—2014；

2.16《巡线用智能手持终端设备管理规定》QG/HR11.06—2013。

3. 作业关键控制点

3.1 管道与设备设施完整性。

3.2 隐患发现与有效管理。

3.2.1 隐患分类与排查；

3.2.2 新发现隐患处理步骤；

3.2.3 在手隐患整改步骤。

3.3 施工现场管理。

3.3.1 施工监护分类；

3.3.2 施工监护时间安排；

3.3.3 施工监护的工作内容。

3.4 作业安全。

晴好天气和一般阴雨天气要求完成管网巡视计划，遇到极其恶劣的气候环境，可集中留守场站，随时待命。

4. 工作准备

表 2

准备项目	准备内容	完成情况	备注
人员和业务准备	巡线人员不少于两人/车	完成□未完成□	
	巡线人员熟知作业指导书和作业计划	完成□未完成□	
	巡线人员健康状况确认	完成□未完成□	
工具及材料准备	工具包	完成□未完成□	
	可燃气体检测仪	完成□未完成□	
	智能巡检手持终端	完成□未完成□	
	自喷漆（黄）	完成□未完成□	
	阀门钩	完成□未完成□	
	警示灯	完成□未完成□	
	警示带	完成□未完成□	
	警示彩旗	完成□未完成□	
	相关图纸、竣工图	完成□未完成□	
	警示牌	完成□未完成□	
	宣传名片	完成□未完成□	
	燃气交底书	完成□未完成□	
劳动保护准备	防静电工作服、工作鞋	完成□未完成□	
	安全帽	完成□未完成□	
	雨衣、雨靴	完成□未完成□	
	草帽	完成□未完成□	夏季适用
	风油精	完成□未完成□	夏季适用
	人丹	完成□未完成□	夏季适用
	水杯	完成□未完成□	夏季适用
	驱蚊水	完成□未完成□	夏季适用
	湿毛巾	完成□未完成□	夏季适用

5. 流程图

5.1 巡线作业流程图

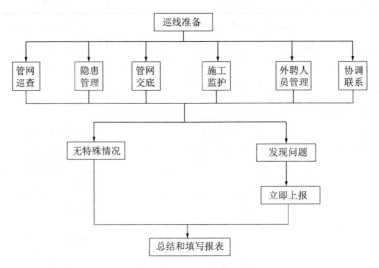

图1 巡线作业流程图

5.2 隐患管理作业流程图

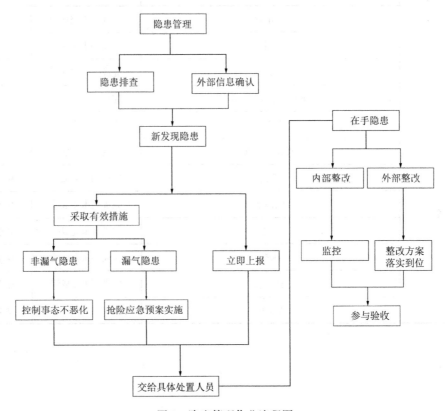

图2 隐患管理作业流程图

5.3 施工现场安全监护作业流程图

图 3　施工现场安全监护作业流程图

5.4 安全交底作业流程图

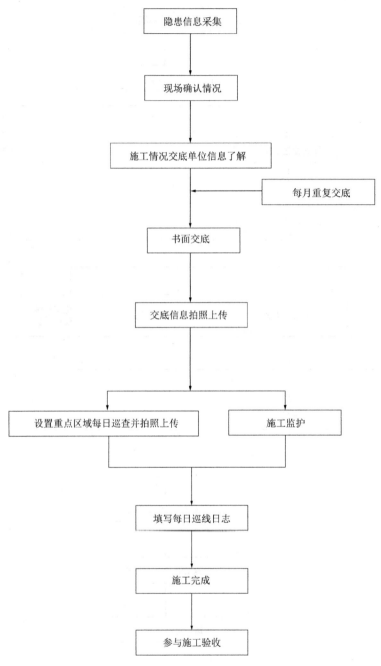

图 4　安全交底作业流程图

6. 作业流程

表3

作业名称	作业内容	作业完成标准	作业完成评判	备注
准备工作	巡查前确认身体状况	确认身体健康，精神状态良好	完成□ 未完成□	
	手持巡线系统正常登录	VPN连接正常，客户端正常登录	完成□ 未完成□	
	每日巡查工具携带（夏季携带防暑降温用品）	每日巡查前检查工具携带情况	完成□ 未完成□	
管网巡查	三桩/测试桩完整性检查	保证三桩/测试桩完整，完成每个月抽查计划（每个季度实现负责区域三桩/测试桩抽查率100%）	完成□ 未完成□	（夏季每月检查一次）
	高压管线徒步巡查	完成对负责管线全线徒步巡查，每间隔3个月一次	完成□ 未完成□	
	全管段燃气泄漏检查	完成全管段燃气泄漏检查，每间隔6个月一次	完成□ 未完成□	
	场站；阀室；阀门井建筑物（构筑物）检查	完成建筑物（构筑物）点检计划	完成□ 未完成□	
	管线巡查	完成每日巡查计划	完成□ 未完成□	
重点部位巡查	燃气泄漏检测	燃气泄漏检测，每日一次	完成□ 未完成□	
	设备和设施点检	完成点检计划，每日一次	完成□ 未完成□	
	建（构）筑物点检	完成建（构）筑物点检计划，每日一次	完成□ 未完成□	
	消防器材/设施点检	保证消防设施完好，消防器材处于有效期，每月一次	完成□ 未完成□	
	设备/设施卫生	设备/设施无积尘，每月一次	完成□ 未完成□	
	已整改隐患区域巡查	周期内对已整改隐患区域进行跟踪巡查	完成□ 未完成□	
隐患管理	隐患排查	及时发现各类安全隐患	发现□ 未发现□	
	隐患信息确认	接到隐患信息，及时进行确认	已确认□ 未确认□	
	隐患信息上报	发现安全隐患信息第一时间上报并拍照上传	完成□ 未完成□	
	隐患处理	漏气隐患实施高压管线抢险应急预案处理办法；非漏气隐患控制事态不恶化	完成□ 未完成□	
	隐患整改（监控）方案落实	按照隐患整改（监控）方案职责分工，完成相应的整改和监控工作	完成□ 未完成□	
	隐患整改验收	参与已整改隐患的验收，验收完成后，按照要求持续跟踪	完成□ 未完成□	

续表

作业名称	作业内容	作业完成标准	作业完成评判	备注
应急抢险	应急抢险	完成应急抢险指令	完成□未完成□	
管网交底	安全交底	将管网三维信息、施工安全注意事项告知监理方、建设方、施工方（或其中一方）	交底书规定内容 完成□未完成□	
	信息采集	采集项目涉及施工方、建设方、监理方等相关人员信息		
		采集项目施工方案等相关信息		
	管网保护方案	与施工方共同制定并落实管网保护方案，确保工程施工处于可控状态		
	定期重复交底	对于施工工期长（超出一个月）的项目，定期进行重复交底	完成□未完成□	
	交底信息上传	及时将交底人员以及交底书明细拍照上传	完成□未完成□	
施工现场管理	施工监护	安全区域内有工程机械或人力土方开挖施工，必须有专人监护	完成□未完成□	
	施工时间管理	在施工开工前到达现场	完成□未完成□	
		确认当日施工作业结束/在施工人员完全撤离现场后离开现场	完成□未完成□	
	施工机械管理	掌握施工现场施工机械数量、作业计划、开始/停止工作时间，保证施工行为可控	完成□未完成□	
	施工人员交底	每日协同施工项目部管理人员（或监理方）共同对现场施工操作人员进行交底并要求操作人员签字，遇到操作人员不在施工机械内或附近的情况时，需现场留下安全施工告知卡	完成□未完成□	
	信息采集	每日采集施工现场相关信息，并及时拍照、上传	完成□未完成□	
	安全保护措施落实	督促并保证管网保护安全措施得到有效执行	完成□未完成□	
协调管理	与沿线乡镇进行工作协调/联系	完成所部安排的协调/联系任务	完成□未完成□	
安全管理	交通安全	巡查线路时保证自身交通安全	完成□未完成□	
	自身安全防护	发现隐患，在隐患处理/处置过程中，加强自身安全防护	完成□未完成□	
	健康状况自检	巡线过程中感觉身体不适，如夏季巡线中暑等症状，及时停止作业并报告	发现□未发现□	

作业名称	作业内容	作业完成标准	作业完成评判	备注
外聘人员管理	安全教育	完成安全教育计划,每周一次	完成□ 未完成□	
	工作检查	外聘人员巡线计划完成情况抽查(每周对负责管理外聘人员全员抽查一次)	完成□ 未完成□	
		每月对外聘人员工作情况以及巡线日志进行检查	完成□ 未完成□	
车辆管理和行车	安全文明行车	按照规定线路行驶,无违章现象发生	发现□ 未发现□	
	车况/5S管理	车容车貌符合5S管理要求	完成□ 未完成□	
5S管理	工具、设备、车辆保持清洁	根据场站5S管理标准进行	完成□ 未完成□	
档案管理	作业记录、归档	作业过程记录相关表格中	完成□ 未完成□	

7. 安全注意事项及应急处理

7.1 通信工具必须畅通;

7.2 掌握所负责区域管线的管径、材质、管位、路由及附属设施的位置,并能熟练使用燃气检漏仪、安全防护器具;

7.3 巡线员外出对管网进行巡视、检查时,一定注意交通安全及危险区域的个人安全与防护;

7.4 无论出现任何泄漏,严禁采用明火查漏;

7.5 巡线过程中遇到恶劣天气,应立即停止作业,及时避险;

7.6 进入阀室前,应保证阀室内无可燃气体泄漏情况发生;

7.7 若遇突发情况需撤离至安全地带,按照汇报流程及时报告巡线负责人,在相关人员到达现场之前做好现场警戒工作;

7.8 紧急情况联系电话:火警电话(119)、急救电话(120)。

4.2 管网设备

1. 管网设备及附属设备设施

燃气管网设备及附属设施主要有地下管网、阀门、调压器、SCADA系统、波纹管调长器、凝水缸、警示标识等构成。

(1) 地下管网:按照材质不同主要划分为钢管、铸铁管、聚乙烯管道、镀锌管道。

(2) 阀门:在管网运行过程中阀门作为重要设备,主要分为球阀、电动阀、蝶阀、气液联动阀、安全阀等。

(3) 调压器:燃气调压器俗称减压阀,是通过自动改变经调节阀的燃气流量而使出口燃气保持规定压力的设备,通常分为直接作用式和间接作用式两种。

(4) SCADA系统:主要目的是帮助燃气公司解决供气各环节无法监测和控制的问题,

完成远程流量抄表、居民用户抄表、压力监测等烦琐工作，为有关部门分析解决问题、制定规划、进行决策提供准确翔实的数据依据，进而提高企业的工作效率、提升企业的管理水平和经济效益。

（5）波纹管调长器：由波纹管及构件组成，用于调节燃气设备拆装引起的管道与设备轴向位置变化的装置。

（6）凝水缸：又称为排水器或聚水井，铺设管线时，在管线最低点不小于千分之三的坡度设置燃气凝水缸，使燃气管线中的积水流到缸体中。主要用于人工煤气，各地由于所使用的的气质和气体清洁程度不同，在管道上安装的数量也不一致。

（7）警示标志：沿燃气管网进行铺设，主要有标示贴、标志桩、警示牌等组成，起到警示作用，警示标志上明确告知燃气压力等级、走向和经营企业的联系方式。

2. 设施设备的维护

（1）地下管网

1）同一管网中输送不同种类、不同压力燃气的相连接管段之间应进行有效隔断；

2）燃气管道设施保护范围内不应有土地塌陷、滑坡、下沉等现象，管道不应裸露；

3）未经批准不得进行爆破和取土作业，不得堆积、焚烧垃圾或放置易燃易爆危险物品，不得种植深根植物；

4）架空管道及其附近防腐层应完好，支架固定应牢固；

5）管道沿线无燃气异味、水面冒泡、树草枯萎和积雪表面有黄斑及违章建构筑物；

6）钢制管道达到设计使用年限时，应对其进行专项安全评价；

7）定期进行泄漏检查；

8）对燃气管道的阴极保护系统和在役管道的防腐层定期进行检查，在土壤情况复杂、杂散电流强、腐蚀严重或人工采集困难地段，可采用自动远传检测的方式；

9）对聚乙烯燃气管道的示踪装置进行检查。

（2）阀门

1）定期检查，不得有损坏、泄漏等现象；

2）阀门井内不得有积水、塌陷、不得有妨碍阀门操作的堆积物；

3）定期对在役阀门进行启闭操作和维护保养；

4）对有关闭不严或无法启闭的阀门及时进行更换；

5）带电动、气动、电液联动、气液联动执行机构的阀门，应定期检查执行机构的运行状态；

6）有远程控制功能的球阀和气液联动紧急切断装置，以远程控制模式运行，远程模式切换为就地模式时，需征得监管部门许可，方可执行；

7）球阀应保持全开或全关；

8）阀门阀芯与阀座、阀杆与阀座的密封性检查，通过排污嘴来检查，如果有内漏，及时进行处理；

9）入冬前对球阀进行全面维护和保养，排除阀腔和执行机构内的水，避免冬天冻结，影响运行；

10）运行前应检查确认安全阀型号正确无误、外观良好，安全阀与压力容器之间的截断阀处于开启状态。

（3）调压器

1）重点关注调压器运行压力检测，对切断压力、放散压力进行定期检测记录；

2）半年对压力表校验一次，一年对安全阀校验一次；

3）对调压器过滤器、压力腔内的铁锈、灰层定期进行清洗，滤芯变形的要及时更换；

4）调压器的传动部位定期加注润滑油；

5）调压器皮膜、弹簧、密封件定期检修检查和更换。

（4）SCADA 系统

1）每日进行系统报警确认；

2）每周检查一次服务器运行状态、工作站运行状态、通信状态、监控系统运行状态、UPS 电源工作状态、温湿度传感器的工作状态、周界报警工作状态检查；

3）每季度对系统硬件设备进行现场巡检，以保证系统处于完好运行状态；

4）服务器与工作站外观检查：检查服务器、工作站等设备运行状态，查看状态指示灯、设备散热等是否正常；

5）每季度对网络设备进行检查，包括路由器、交换机、系统外设、仪表盘柜、RTU 系统（含站场及线路）、外观检查；

6）每年应对所有服务器、工作站和机柜进行彻底的清灰；

7）每年对 SCADA 系统设备进行一次全面维护工作，设备的接口应完好，指示灯应工作正常和技术状态完好，所有的紧固部件应无松动。

（5）波纹管调长器

定期进行严密性及工作状态进行检查，与调长器连接的燃气设备拆装完成后，应将调长器拉杆螺母拧紧。

（6）凝水缸：凝水缸的排污放水周期不相同，需要根据各地的实际运行情况，做好凝水缸的排污工作。

（7）警示标志

1）定期进行警示标示的数量统计汇总；

2）每日检查警示标示的外观完整性；

3）针对地理环境和周边建设及时增补警示标志；

4）警示标志字迹不清晰的及时进行更换。

3. 常见故障处理

（1）法兰漏气

1）作业前进行进行风险分析；

2）使用查漏仪或肥皂水确认漏点，确保维修地点准确性；

3）关闭待修点前后端阀门并放散，使用查漏仪或肥皂水确定漏点无可燃气体；

4）使用防爆工具进行作业，保证作业安全性；

5）进行法兰整体螺栓重新对角紧固，用查漏仪或肥皂水再次查漏，确定维修地点无泄漏时，维修结束；

6）维修结束后收拾所带工具，并保证维修现场卫生环境整洁。

（2）过滤器前后压差过高

1）利用查漏仪对工作现场进行可燃气体泄漏检查，确定安全工作环境。

2）关闭该路前后端手动阀门，打开排污阀将压力排空。

3）打开过滤器，拿出过滤器内部滤芯。

4）更换滤芯，完成过滤器安装。

5）利用查漏仪对过滤器各部位进行查漏，确定无泄漏。

6）打开该路前后端手动阀门，观察过滤器的工作状态，确保维护后过滤器正常工作。

7）维护结束后，将更换的滤芯进行回收，收拾所带工具，并保证现场卫生环境整洁。

（3）气液联动阀信号管漏气

1）关闭气液联动阀气缸进出口阀门；

2）通过排气阀排放气缸内的气体；

3）拆卸信号管，对接口处涂抹密封胶，重新紧固信号管；

4）用查漏仪查漏，确定无泄漏时，监控一段时间后再次查漏，确认无漏气后，结束任务；

5）维修结束后收拾所带工具，并保证维修现场卫生环境整洁。

（4）阀门内漏

在阀门排污后，间隔10min后，再次打开排污阀，查看内漏情况。存在轻微内漏的球阀，在注完润滑脂后，检查阀门是否仍然内漏。对于仍然内漏及经检查内漏严重的球阀，首先可观察阀门限位是否准确处于全开或全关位，手动适当调整阀门限位后观察内漏情况是否减轻，否则需注入定量的阀门密封脂。

（5）阀体渗漏

1）对疑似泄漏处磨光，用4%硝酸溶液侵蚀，如有裂缝就可以显示出来；

2）对裂纹处进行挖补处理；

3）进行可燃气体检测，确认无漏气后方为检修完毕；

4）若继续泄漏建议更换阀门。

（6）调压器常见故障处理（见表4-5）

调压器常见故障处理 表4-5

序号	故障现象	处理方法
一	调压器关闭压力过高（流量＝0时）	1. 更换阀垫，或清洁阀垫并检查调压器前过滤器及管路的清洁情况 2. 更换O型圈，更换或紧固膜片 3. 更换阀座 4. 更换阀座O型圈
二	流量≥0出口压力上升	1. 清洗阀杆 2. 更换皮膜 3. 更换弹簧 4. 紧固皮膜组件 5. 检查信号管 6. 更换阀垫
三	流量＞0出口压力下降	1. 清洗阀杆 2. 清洗或更换过滤器 3. 检查供气情况 4. 更换调压器

续表

序号	故障现象	处理方法
四	不供气	1. 开阀供气、排除堵塞等 2. 开启切断阀 3. 旋紧调整螺栓，增大弹簧载荷 4. 清洗阀杆组件
五	紧急切断阀不关闭	1. 更换皮膜 2. 开启信号管 3. 清洗切断组件
六	切断阀关闭不严	1. 更换阀垫 2. 更换O型圈 3. 更换阀座
七	切断压力不对	1. 重新设定 2. 更换锁扣机构
八	不能复位	1. 检查出口压力 2. 重新组装 3. 更换切断组件

5 燃气输配安全管理

5.1 燃气经营企业的基本要求

随着天然气发展时代的到来，我国的燃气事业飞速发展。由于天然气用户和用气量的增加，现有的燃气设施出现了种种问题，尤其是运行方面存在严重的安全隐患问题，直接影响了城市燃气输配系统供气的安全性、稳定性和高效性。解决城市燃气输配系统运行安全问题的有效手段之一就是加强安全管理。

因此要做好燃气输配安全管理工作，燃气经营企业必须抓好以下几个关键环节：

1. 提高认识，改革管理方法

燃气经营企业应当充分认识到本企业辖区燃气地下管网的现状，以及存在隐患的严重性及造成事故的危害性。变革多年来传统的应付抢修的被动管理转变为主动管理、预防性管理。充分运用 GIS 管网地理信息系统等现代化管理手段，实现管网管理的基础化、专业化、科学化。

2. 严格加强工程的质量管理

工程质量管理是一项较为复杂而又重要的系统工程，它涉及建设、设计、施工和监理等方方面面，燃气工程质量不仅关系到人民群众的生命和财产安全，而且直接影响到燃气的使用。工程质量管理控制包括施工前的设计准备、施工阶段的质量监督、施工后竣工验收和管网的运行管理等四个阶段，其中前两个阶段为关键阶段。

(1) 把好设计施工质量关

设计施工质量的好坏，是能否保证燃气输配管网安全运行的前提。特别是地下燃气输配管网与污水、雨水、电缆沟等其他公用设施交错相邻地带，燃气管线发生损坏，煤气泄漏到污水、雨水、电缆沟内，极易发生事故。因此，燃气经营企业应首先从设计施工上要求，严格按规范设计，施工设计时要认真勘察现场，应以国家规程、标准为基础，以质量第一、确保安全为前提，制定出准确的设计方案。

(2) 施工阶段的质量监督

施工阶段是形成工程项目实体的过程，也是形成最终产品质量的重要阶段。应按照施工组织设计的规定，加强施工监督检查。施工时要从开槽、下管、焊接、防腐、回填、强度气密性试验等环节派专人进行严格检查，明确任务，做好施工中的巡回检查，不留半点隐患，确保工程质量。

3. 推广应用新技术、新材料，解决好管道防腐问题

(1) 燃气经营企业在中低压管网和庭院管线的选材上，应推广使用聚乙烯管（PE 管），因为其不但具有足够的刚性及强度，同时还具有较好的柔韧性和抗应力开裂性能，并从根本上解决了耐腐蚀的问题，增加燃气管线的使用寿命和安全系数。

(2) 加强阴极保护技术的应用。阴极保护技术它是通过被保护管道与直流电源的负极相

连，使大量电子流入管道，使它成为阴极。阴极不腐蚀，于是管道受到保护。这是解决埋地钢质管道腐蚀和老化引发的泄漏事故隐患最有效、最经济的防腐蚀措施。

4. 严格加强设备的运行管理

长期的运行管理是安全管理体系中极易疏忽而又十分重要的部分，燃气管网在给居民、企业的生活和生产提供极大便利的同时，随着供气用户的增加，供气时间的延续，周围地质情况的变迁，一些燃气管网老化、腐蚀。给燃气经营企业的安全管理工作提出了新的要求。

（1）健全安全管理网络、落实责任、完善制度

建立健全各级安全管理机构，建立三级安全管理网络。把安全贯穿到工程设计、施工、设备管理和供气服务之中，和企业的效益结合起来。

（2）加大巡检力度，做到有隐患早发现、早消除，避免重大事故的发生。

随着时间的推移，燃气输配管网逐渐老化，燃气管道泄漏故障也呈上升趋势，所以加强管网的巡查，对重点地段布控、对违章行为及时制止是否切实到位是管网安全运行的最有效的手段。

1）采用打孔查漏法。坚持经常用打孔机沿燃气管线打孔，每隔一定距离打一个孔，孔距可根据燃气管道所处的区域确定，用检漏仪进行检查。可采用重点区域排查法，发现有异常现象，可增加孔距的密度，确定漏气准确位置，再开挖处理。

2）检查燃气管道附近的排水管道，电缆沟井、雨水井或其他埋设物的各种井盖，用嗅觉或检漏仪进行检查。

3）生态观察法。通过观察管线周围植物是否有异常来发现是否有管道跑气。如发现有大量落叶枯萎、枯死，就在周围仔细检查，因为可能是燃气泄漏造成的。

（3）利用凝水缸的抽水量和管线是否有水堵来判断是否有漏气现象。地下燃气输配管道最低点设置凝水缸，凝结水的多少有一定的规律性。若发现凝水缸或管线内抽水量大幅度增多或燃气压力不稳定时，有可能是管线出现了漏点，导致地下水渗入燃气管道所致。由此可以预见到燃气管线有损坏部位，并且漏点就在这个凝水缸或管线水堵部位的辐射范围内。

（4）杜绝野蛮施工。市政工程施工以及其他施工作业造成燃气管道、设施损坏，管道点锈蚀，是管理的重点。所以要对重点地段加强布控、对违章行为要早发现并及时制止。防止占压管道的违章违规，防止施工项目对燃气管道的破坏。

5. 加大宣传力度，加强对用户安全用气的指导

燃气经营企业与用户的关系，通过规范服务特别是通过给予用户安全、稳定、可靠、便利的用气服务来维系、巩固和发展。用户的安全管理，基于燃气本身的特殊性，更是安全管理的重要方面。

6. 建立完善的危险评估及应急体系

为预防和减少生产安全事故的发生，控制、减轻和消除生产安全事故引起的危害及造成的损失，规范生产安全事故预防和应对活动，保护员工、相关方和人民财产安全，保护环境，保障社会公共安全，在发生生产安全事故时能够快速反应、有效控制和妥善处理，减少损失，尽快恢复和重建损坏设施，恢复正常生产生活秩序，燃气经营企业应结合本企业实际情况，定期对本企业危险源进行识别及风险评估，并建立应急预案体系。

生产安全事故应急预案体系应分为三个层次：综合预案、专项预案和现场处置方案。

综合应急预案是公司各部门应急工作总体预案，是公司应对生产安全事故及各类突发事

件的规范性文件。

专项应急预案是应对某一类型或某几种类型突发事件而制定的具体的应急计划或方案。

现场处置方案是针对具体的装置、场所或设施、岗位所制定的处置措施。各部门针对生产活动中危险性较大的岗位或生产装置应制定现场处置方案。

综上，在城市燃气供应安全管理上，燃气经营企业只有不断更新管理观念，采用科学的管理模式。不断引进先进的技术，运用先进技术手段，提高员工的安全意识和能力。建立健全各种管理制度，严格执行各项操作规程，责任到人，形成严密科学的管理体系，增强职工的责任心和使命感，常抓不懈，以确保燃气输配管网安全运行。

5.2　国家及各级政府的安全管理法规

《中华人民共和国消防法》（主席令第 6 号）；

《中华人民共和国安全生产法》（主席令第 13 号）；

《中华人民共和国突发事件应对法》（主席令第 69 号）；

《生产安全事故报告和调查处理条例》（国务院令第 493 号）；

《城镇燃气管理条例》（国务院令第 583 号）；

《生产安全事故信息报告和处置办法》（总局令第 21 号）；

《生产安全事故应急预案管理办法》（总局令第 17 号）；

《安徽省生产安全事故报告和调查处理办法》（安徽省政府令 232 号）；

《建筑设计防火规范》GB 50016—2014；

《城镇燃气设计规范》GB 50028—2006；

《生产经营单位安全生产事故应急预案编制导则》GB/T 29639—2013；

《城镇燃气场站经营企业安全生产标准化评分标准》DB34/T 5061—2016；

《生产安全事故应急演练指南》AQ/T 9007—2011。

5.3　应急预案

1. 应急预案的必要性

（1）危险的绝对性决定了事故应急预案的必要性

由于危险的绝对性和事故存在的长期性，决定了事故应急预案的必要性。从安全哲学的观点看，安全是相对的，危险是绝对的，事故是可以预防的。但目前的安全科学技术还没有发展到能有效预测和预防所有事故的程度。既然生产中不可能杜绝一切事故发生，要保证应急抢险系统的正常运行，必须事先制定一套应急预案，用计划指导应急准备、训练和演习，乃至迅速高效的应急行动。因此，事故的应急预案是必不可少的。

（2）建立事故应抢险救援体系是预防和减少事故损失的需要

针对各种不同的紧急情况制定有效的应急预案，不仅可以指导应急人员的日常培训和演习，保证各种应急救援资源处于良好的备战状态，而且可以指导应急抢险行动按计划有序进行，防止因应急抢险行动组织不力或抢险工作的混乱而延误事故应急，从而降低人员伤亡和财产损失。应急预案对于如何在事故现场开展应急抢险工作具有重要的指导意义。如果一个企业制定有科学、合理、可行的事故应急预案，并进行必要的培训和演习，那么一旦发生事故，在岗人员应不会毫无头绪，或错误操作，而是按应急预案和程序实施应急处置，这样就可避免事故的扩大和惨剧的发生。

凡事预则立，不预则废。当面对突发性重特大安全事故的时候，不"预"的后果就往往是血的代价。像韩国大丘市的地铁火灾、2003年12月23日中石油四川管理局重庆钻探公司西北气矿发生特大井喷事故和2004年2月15日吉林中百商厦特大火灾事故等，都是由于缺乏事故应急管理和应急行动指导而造成了重大人员伤亡和巨额财产损失。

（3）建立应急体系是国家法律法规的强制要求

1）建立应急体系的法律依据

《安全生产法》第三十七条规定：生产经营单位对重大危险源应当登记建档，进行定期检测、评估、监控，并制定应急预案，告知从业人员和相关人员在紧急情况下应当采取的应急措施。

生产经营单位应当按照国家有关规定将本单位重大危险源及有关安全措施、应急措施报有关地方人民政府负责安全生产监督管理的部门和有关部门备案。

第七十七条规定：县级以上地方各级人民政府应当组织有关部门制定本行政区域内特大生产安全事故应急救援预案，建立应急救援体系。

第七十九条规定：危险物品的生产、经营、储存单位以及矿山、建筑施工单位应当建立应急救援组织；生产经营规模较小，可以不建立应急救援组织的，应当指定兼职的应急救援人员。危险物品的生产、经营、储存单位以及矿山、建筑施工单位应当配备必要的应急救援器材、设备，并进行经常性维护、保养，保证正常运转。

《建设工程安全生产监督管理条例》第四十八条规定：施工单位应当制定本单位生产安全事故应急救援预案，建立应急救援组织或者配备应急救援人员，配备必要的应急救援器材、设备，并定期组织演练。

国务院《危险化学品安全管理条例》规定：县以上地方各级人民政府负责危险化学品安全监督综合工作的部门应会同其他有关部门制定危险化学品事故应急救援预案，报经本级人民政府批准后实施。危险化学品单位应当制定本单位事故应急救援预案，配备应急救援人员和必要的应急救援器材、设备，并定期组织演练。危险化学品事故救援预案应当报设区的市级人民政府负责危险化学品安全监督管理综合工作的部门备案。

2）应急预案的实施的法律规定

《安全生产法》第四十一条规定：生产经营单位应当教育和督促从业人员严格执行本单位的安全生产规章制度和安全操作规程；并向从业人员如实告知作业场所和工作岗位存在的危险因素、防范措施以及事故应急措施。

第五十条规定：生产经营单位的从业人员有权了解其作业场所和工作岗位存在的危险因素、防范措施及事故应急措施，有权对单位的安全生产工作提出建议。

第五十二条规定：从业人员发现直接危及人身安全的紧急情况时，有权停止作业或者在采取可能的应急措施后撤离作业场所。

生产经营单位不得因从业人员在前款紧急情况下停止作业或者采取紧急撤离措施而降低其工资、福利等待遇或者解除与其订立的劳动合同。

第五十五条规定：从业人员应当接受安全生产教育和培训，掌握本职工作所需的安全生产知识，提高安全生产技能，增强事故预防和应急处理能力。

第八十条规定：生产经营单位发生生产安全事故后，事故现场有关人员应当立即报告本单位负责人。

单位负责人接到事故报告后，应当迅速采取有效措施，组织抢救，防止事故扩大，减少人员伤亡和财产损失，并按照国家有关规定立即如实报告当地负有安全生产监督管理职责的部门，不得隐瞒不报、谎报或者拖延不报，不得故意破坏事故现场、毁灭有关证据。

《安全生产许可证条例》第六条规定：企业取得安全生产许可证，应当具备下列安全生产条件：

（十一）有重大危险源检测、评估、监控措施和应急预案；

（十二）有生产安全事故应急救援预案、应急救援组织或者应急救援人员，配备必要的应急救援器材、设备。

《建设工程安全生产监督管理条例》第四十九条规定：施工单位应当根据建设工程施工的特点、范围，对施工现场易发生重大事故的部位、环节进行监控，制定施工现场生产安全事故应急救援预案。实行施工总承包的，由总承包单位统一组织编制建设工程生产安全事故应急救援预案，工程总承包单位和分包单位按照应急救援预案，各自建立应急救援组织或者配备应急救援人员，配备救援器材、设备，并定期组织演练。

3）不建立或者应急预案得不到实施的法律责任

《安全生产违法行为行政处罚办法》第四十五条规定：生产经营单位及其主要负责人或者其他人员有下列行为之一的，给予警告，并可以对生产经营单位处1万元以上3万元以下罚款，对其主要负责人、其他有关人员处1000元以上1万元以下的罚款：①违反操作规程或者安全管理规定作业的；②违章指挥从业人员或者强令从业人员违章、冒险作业的；③发现从业人员违章作业不加制止的；④超过核定的生产能力、强度或者定员进行生产的；⑤对被查封或者扣押的设施、设备、器材、危险物品和作业场所，擅自启封或者使用的；⑥故意提供虚假情况或者隐瞒存在的事故隐患以及其他安全问题的；⑦拒不执行安全监管监察部门依法下达的安全监管监察指令的。

第四十六条规定：危险物品的生产、经营、储存单位以及矿山、金属冶炼单位有下列行为之一的，责令改正，并可以处1万元以上3万元以下的罚款：①未建立应急救援组织或者生产经营规模较小、未指定兼职应急救援人员的；②未配备必要的应急救援器材、设备和物资，并进行经常性维护、保养，保证正常运转的。

2. 应急预案指挥机构及职责划分

（1）应急组织体系

燃气经营企业须成立应急管理工作领导小组，全面负责本企业的应急管理工作；应急管理工作领导小组下设应急管理办公室，具体负责本企业应急管理的日常工作；应急管理办公室下设应急值班室，24h有人值守；且在应急管理工作领导小组的领导下，设立应急指挥部，应急指挥部由总指挥、副总指挥和各成员单位负责人组成。应急指挥部下设六个工作小组。

应急预案的应急组织体系见图5-1所示。

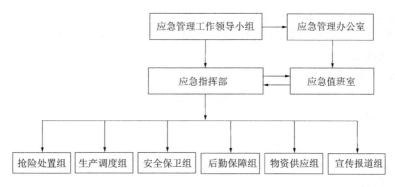

图 5-1 应急预案的应急组织体系

（2）应急管理工作领导小组组成

组长：燃气经营企业负责人。

副组长：公司各分管领导。

成员：各单位、部室主要负责人。

应急管理工作领导小组下设应急管理办公室，具体负责公司应急管理的日常工作。

主任：公司分管安全生产负责人。

副主任：生产技术部门、安全部门、办公室主要负责人。

成员：生产技术部门、安全部门、办公室有关人员。

（3）应急指挥部组成

1）应急指挥部由总指挥、副总指挥、各成员单位负责人组成；

2）应急指挥部主要职责：

①按程序启动应急响应，并向政府相关部门报告；

②按照要求开展应急响应工作，指挥现场抢险救援，并协助政府开展相关的应急救援工作；

③组织应急响应结束后的评估、恢复和总结改进工作；

④进行事故调查、人员安置、善后处理。

3）总指挥

一级事故总指挥由企业负责人担任。

二级事故总指挥由公司分管安全生产的副总经理担任。

三级事故的总指挥由公司生产技术部门负责人担任。

四级事故的总指挥由事故所在单位的主要负责人担任。

4）副总指挥

一级事故的副总指挥由公司分管安全生产的副总经理担任。

二级事故的副总指挥由公司生产技术部门负责人担任。

三级事故的副总指挥由事故所在单位的主要负责人担任。

四级事故的副总指挥由事故所在单位分管安全生产的负责人担任。

3. 应急抢险实施系统

（1）各工作小组人员组成

1）抢险处置组

组长：事故所在单位主要负责人。

成员：事故所在单位及相关方抢险救援力量。

2）生产调度组

组长：生产技术部门负责人。

成员：生产技术部门相关人员、信息规划部门相关人员、热线。

3）安全保卫组

组长：安全保卫部门负责人。

成员：安全保卫部门相关人员、事故所在单位安全管理人员。

4）后勤保障组

组长：办公室负责人。

成员：办公室相关人员、后勤服务部门相关人员。

5）物资供应组

组长：物流供应部门负责人。

成员：物流供应部门相关人员。

6）宣传报道组

组长：宣传部门负责人。

成员：宣传部门相关人员。

（2）应急指挥部各成员职责

1）总指挥职责

①发生事故后及时启动应急预案，按照应急预案迅速开展抢险救灾工作；

②根据事故发生情况，统一部署应急预案的实施工作，并对应急救援工作中发生的争议采取紧急处理措施；

③在公司范围内紧急调用各类物资、设备、人员和占用场地；

④根据事故灾害情况，有危及周边单位和人员的险情时，组织人员和物资疏散工作；

⑤配合上级部门进行事故调查工作。

2）副总指挥职责

①协助总指挥开展应急救援的指挥工作；

②在总指挥不在抢险救援现场或受总指挥委托担任总指挥，履行上述总指挥职责。

3）抢险处置组职责

①负责在接到通知后第一时间赶到发生突发事故的现场，参与先期应急处置、抢救伤员等工作；

②执行应急指挥部的应急指令，组织本单位人员及相关方救援力量按照各自职责实施应急处置工作；

③负责公司四级生产安全事故的现场指挥和决策；

④组织四级事故善后处理及调查工作，将事故调查处理报告报公司归口职能部门备案。

4）生产调度组职责

①负责事故应急处理的前线指挥，快速到达险情现场，做好燃气突发事件第一时间的处置和协调工作，包括应急机制启动前的情况判断和临时指挥，及时上报信息，协助现场

总指挥解决事件中的突发问题；

②做好应急救援的协调工作，传达指令，指挥应急抢险救援队伍，落实救援工作，防止事故扩大，最大限度地减小人员伤亡和经济损失；保护事故现场，将事故应急救援处理情况及时上报应急领导小组；

③负责突发事故的接报和报告，了解、掌握燃气突发事件的情况和处理进展，收集统计人员伤亡和财产损失信息，及时通告事故的有关信息；

④协助现场总指挥做好综合协调工作；

⑤负责现场抢险各单位的组织、协调和指挥及现场抢修方案、措施的落实，及时向总指挥报告现场应急情况；

⑥负责事故现场处置的网络技术支持和通信保障；

⑦负责组织对受损管线、设备等进行图像采集和测绘纪录。

5）安全保卫组职责

①快速到达现场，正确判断险情，参与事故抢修方案的审查；监督突发事件的应急处理、应急抢险、生产恢复过程中安全技术措施的落实，负责做好应急处理现场的安全监护；

②负责了解、掌握燃气突发事件的情况和处理进展，收集统计人员伤亡和财产损失信息，及时汇报上级主管部门，做好事故情况的收集、汇总、整理等有关信息的工作；

③负责突发事故区域的警戒和交通管制，有关人员紧急疏散、撤离，确保运送抢救物资及人员的畅通；

④协助现场指挥解决事故中的突发问题、善后问题和认定事件性质。

6）后勤保障组职责

①负责现场抢险人员的生活物资供应；

②负责接待上级领导、兄弟单位增援人员；

③负责接待安置来访职工家属，负责做好伤亡职工的善后处理工作；

④负责组织医护人员、救护车辆等到达指定地点和现场伤员抢救，联系事故中受伤人员抢救治疗工作。

7）物资供应组职责

①负责应急物资的及时供应和日常储备；

②负责应急气源的应急采购。

8）宣传报道组职责

①负责向媒体通报事故情况及抢修进展；

②负责与相关新闻媒体沟通协调；

③负责新闻发布会的组织召开（如需要）。

4. 应急响应和处置

（1）响应分级

依据生产安全事故造成的影响程度、影响时间、发展情况和紧迫性等因素，将事故划分为一级事故、二级事故、三级事故和四级事故四个等级。

1）一级事故

①上游气源遇非正常情况或设施发生事故等，导致城市主供气源短缺或中止，启用应

急气源后仍无法满足居民正常用气。

②天然气高压球罐、LNG储罐、高压管道及附属设施损坏，造成大量天然气泄漏，且2h内险情未得到控制或发生火灾或爆炸。

③发生燃气事故，造成10000户以上居民停止供气24h以上。

④发生生产安全事故，造成一次死亡1人（含1人）或重伤2人（含2人）以上，或者造成直接经济损失人民币100万元（含100万元）以上。

⑤发生燃气事故，造成大规模人员疏散（2000户以上），并引起新闻媒体的关注。

2）二级事故

①由于上游限制天然气气源供应量，导致全市气源短缺，启动应急调峰气源后，不能够满足正常供气需要，需强制停止部分工商业用户供气。

②天然气高压球罐、LNG储罐、高压管道及附属设施损坏，造成大量天然气泄漏。

③发生燃气事故，影响区域供气，造成5000户以上、10000户以下居民停止供气24h以上。

④重大节日及重要会议、冬季保供期间，高压燃气管道、场站及阀室设备发生泄漏影响供气的。

⑤发生生产安全事故，造成3人以上轻伤或1人重伤事故，或者造成直接经济损失人民币50万～100万元。

⑥发生燃气事故，造成大规模人员疏散（1000户以上），并引起新闻媒体的关注。

3）三级事故

①发生燃气事故，造成2000～5000户居民停止供气24h以上。

②发生生产安全事故，造成3人（含3人）以下轻伤，或者造成直接经济损失人民币10万～50万元。

③发生四级事故，但引起新闻媒体关注，造成社会影响的。

④发现明显的燃气泄漏并窜入到附近其他地下空间（如电缆沟、电信沟、暖气沟、地下室、污水沟等）而造成大面积污染。

4）四级事故

①场站及阀室设备设施轻微泄漏，通过采取相应措施可以当日修复或处于可控状态的；

②其他低于三级事故。

（2）响应程序（见图5-2）

1）应急值班室接到报警后，将事故信息报告应急办公室，应急办公室确定事故级别后，将事故信息报告总指挥。

2）发生一级事故时，由企业负责人启动应急预案一级响应，担任总指挥，由应急值班室通知副总指挥及各小组组长赶赴现场。

3）发生二级事故时，由公司分管安全生产的副总经理启动应急预案二级响应，担任总指挥，由应急值班室通知副总指挥及各小组组长赶赴现场。

4）发生三级事故，由生产技术部门负责人启动应急预案三级响应，担任总指挥，由应急值班室通知副总指挥、抢险处置组、生产调度组、安全保卫组组长赶赴现场。

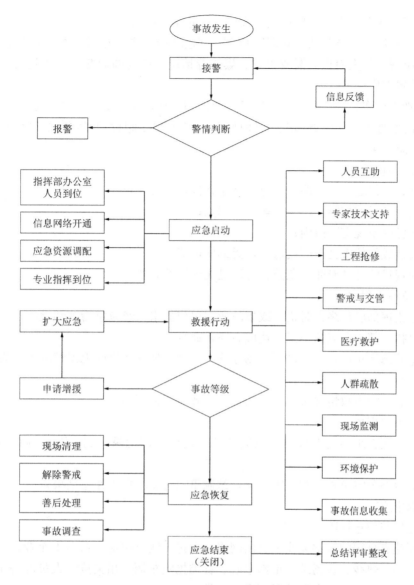

图 5-2 公司生产安全事故应急响应程序框图

5）发生四级事故，由事故所在单位负责人启动应急预案四级响应，担任总指挥，事故所在单位自行组织做好应急抢险各项工作，并将事故处置进展情况及时报送应急值班室。

6）应急指挥部各小组组长接到事故信息后，立即组织本小组成员开展相应的应急处置工作。

（3）处置措施

1）在现场应急处置过程中，坚持"以人为本、安全第一"的指导思想，坚持"保护人员安全优先、防止和控制事故扩大优先、保护环境优先"的原则；

2）启动专项预案和事故所在单位的现场处置预案；

3）迅速到达事故现场，封锁事故区域，按规定实施警戒和警示；

4）立即采取有效措施，保护相邻设施，防止事故扩大；

5）如需要进行人员疏散，立即通知 110 到达现场，并协助 110 做好人员疏散工作；

6）如出现燃气大面积泄漏或火灾、爆炸等情况，应立即通知 119 到达现场，并做好现场应急处置工作；

7）出现人员伤亡等情况时，及时开展救治和转移，并通知 120 到达现场。

8）及时掌握事故的发展情况，及时修改、调整和完善现场救援预案和资源配置。

（4）应急结束

1）应急终止条件

符合下列条件之一的，即满足应急终止条件，应急终止：

①事故现场得到控制，危险因素已经消除；

②泄漏已降至规定限值内；

③事故造成的危害已被彻底清除，无继发可能；

④事故现场的各种专业应急处置行动已无继续的必要。

2）应急终止程序

①应急指挥部确认终止时机，或事故所在单位提出，经应急指挥部批准；

②应急指挥部向各应急小组下达应急终止命令；

③应急状态终止后，继续进行现场监测，直到其他补救措施无需继续进行为止。

3）应急结束后续工作

①一级、二级事故情况按规定如实上报市政府相关部门；

②保护事故现场；

③向事故调查组移交事故发生及应急处理过程一切记录，配合事故调查组取得相关证据；

④由应急办公室负责总结评审整改，编制事故应急救援工作总结报告。

5. 保障措施

（1）通信与信息保障

公司须建有自用的数字无线电通信网络，通过无线电中继台覆盖本企业所属辖区，同时为调度中心、热线、各场站、抢修中心、各类抢险车辆及相关抢险人员配备了数字无线电台及防爆对讲机，保证突发情况下通信正常。

公司应建有综合抢险等平台，为抢险人员配备高精度抢险手持终端，可以对事故现场进行拍照并上传，实时将现场情况反馈至应急指挥部，保证了抢险过程中信息传递的畅通。

（2）应急队伍保障

1）燃气经营企业须设置负责生产安全事故应急救援的专业队伍和骨干力量。此外应设有 24h 服务热线，并设立 24h 值守的调度中心及配套的 24h 应急抢险点，形成完善的应急体系。

2）燃气管网抢险力量，为保证各级燃气管网运行安全，燃气经营企业须根据各级管网长度及辖区面积成立一个或多个专职抢险队伍，设立了 1 个或多个 24h 应急抢修中心及应急抢修预备队，抢险设备应有多功能应急抢险车、多功能气体检测仪、热熔焊机、旋转式切割机、手提消防泵、防爆工作灯、路面钻孔机等燃气专业应急抢险设备。

3）场站抢险力量，针对门站、储配站等重大危险源，公司须设立一支专职抢险队伍，并在各场站成立应急救援小组，负责险情初期的处理。

4）应急专家人员，除应急抢险队伍，燃气经营企业还应设立由各类相关专业专家人员组成的应急专家库，针对不同类型的事故，应急指挥部安排不同专家至现场协助进行应急处理工作。

（3）物资装备保障

燃气经营企业应建立相应规模的应急物资储备站，由相关部门设专人负责对各类应急物资的储备及管理，各类物资要及时进行补充和更新。

（4）其他保障

1）资金保障：公司财务部门应设有专项应急资金和不可预见年度资金计划，保证应急资金到位。

2）技术保障：公司技术部门人员应对突发事故应急救援提供技术支持。

3）人员防护：公司须对应急救援人员配备符合要求的安全防护装备，各场站设立紧急疏散场所。

4）后勤保障：后勤保障系统满足生产安全事故应急抢修工作生活保障，在应急抢险过程中，应设立临时指挥部，配置电脑、电话、传真、网络等办公设施及信息发布设施。

6. 应急预案的演练

为了保证事故发生时，应急救援组织机构的各部门能够熟练有效地开展应急救援工作，应定期进行针对不同事故类型的应急预案演练，不断提高实战能力。同时在演练实战过程中，总结经验，发现不足，并对演练方案和应急预案进行充实、完善。

（1）应急预案演练的重要性

通过演练可以检查应急抢险队伍应付可能发生的各种紧急情况的适应性以及各职能部门、各专业人员之间相互支援及协调的程度；检验应急指挥部的应急能力，包括组织指挥专业抢险队的抢险能力和组织群众应急响应的能力。通过演练可以证实应急预案是可行的，从而增强全体职工承担应急抢险任务的信心。应急预案演练对每个参加演练的成员来说，是一次全面的应急抢险练习，通过练习可以提高技术及业务能力。

通过演练还可以发现应急预案中存在的问题，为修正预案提供实际资料；尤其是通过演练后的讲评、总结，可以暴露预案中未曾考虑到的问题和找出改正的建议，是提高预案质量的重要步骤。

（2）应急预案演练的形式

应急预案演练一般可分为室内演练和现场演练两种。

室内演练又称组织指挥演练，它是偏重于研究性质的，主要由指挥部的领导和指挥、生产、通信等部门以及抢险专业队队长组成的指挥系统，在各级职能机关、部门的统一领导下，按一定的目的和要求，以室内组织指挥的形式，演练组织各级应急机构实施应急抢险任务。室内演练的规模，根据任务要求可以是综合性的，也可以是单一项目的演练，或者是几个项目联合演练。

现场演练即事故模拟实地演练，根据其任务要求和规模又可分为单项训练、部分演练和综合演练三种。

（3）应急预案演练的组织

不论演练规模的大小，一般都要有两部分人员组成：一是事故应急抢险的演练者，占演练人员的绝大多数。从指挥员至参加应急抢险的每一个专业队成员都应该是现职人员，将来可能与事故应急抢险有直接关系者。二是考核评价者，即事故应急抢险方面的专家或专家组，对演练的每一个程序进行考核评价。进行事故应急抢险模拟演练之前应做好准备工作，演练后考核人员与演练者共同进行讲评和总结。不同的演练课目，担任主要任务的人员最好分别承担多个角色，从而能使更多的人得到实际锻炼。

组织工作主要包括：应急抢险模拟演练的准备工作；针对演练类型，选择合适的模拟演练地段；针对演练类型，组织相关人员编制详细的演练方案；根据编制好的演练方案，组织参加演练人员进行学习；筹备好演练所需物资装备，对演练场所进行适当布置；提前邀请地方相关部门及本行业上级部门相关人员参加演练并提出建议。

（4）编制演练方案应注意的问题

演练项目的内容是根据演练的目的决定的。把需要达到的目的通过演练过程，逐步进行检查、考核来完成的。因此，如何将这些待检查的项目有机地融入模拟事故中是演练方案编制的第一步。为使模拟事故的情况设置逼真而又可分项检查，需要考虑如下几个问题：

1）事故细节描述：事故的发生有其自身潜在的不安全因素，在某种条件下由某一因素触发而形成，或者是由此形成连锁影响，从而造成更大、更严重的事故。对事故发生和发展、扩大的原因及过程要进行简要的描述。使演练参加者可以据此来理解和叙述执行该种事故的应急抢险任务和相应的防护行动。

2）日程安排：演练时间安排基本应按真实事故的条件进行。但在特殊情况下，也不排除对时间的压缩和延伸，可根据演练的需要安排合适的时间。演练日程安排后一般要事先通知有关单位和参加演练的个人，以利于做好充分的准备。

3）演练条件：演练最好选择比较不利的条件，如在夜间，能够说明问题的气象条件下，高温、低温等较严峻的自然环境下进行演练。但在准备不够充分或演练人员素质较低的情况下，为了检验预案的可行性或为了提高演练人员的技术水平，也可选择条件较好的环境进行演练。

4）安全措施：现场模拟演练要在绝对安全的条件下进行，如安全警戒与隔离、交通控制、防护措施，消防、抢险演练等的安全保障都必须认真、细致地考虑。演练时要在其影响范围内告知该地区的居民，以免引起不必要的惊慌，要求居民做到的事项要各家各户地通知到每个人。

（5）应急预案模拟演练的考核与总结

应急预案通过实践考验，证实该预案切实可行后才能有效地实施。因此，演练中应由专家和考评人员对每个演练程序进行考核与评价。演练以后要根据评价的意见进行认真的总结，找出问题并提出修改建议。修改意见要经过进一步的验证，认为确实需要修正的内容，要在最短的时间内修正完毕，并报上级批准。

（6）应急预案模拟演练的时间

一般应根据应急预案的级别、种类的不同，对演练的频度、范围等提出不同要求。企业内部的演练可以与生产、运行及安全检查等工作结合起来，统筹安排。

5.4 事故应急处理方法

1. 管网燃气泄漏应急处理

（1）疏散人群

1）疏散人群是燃气泄漏后防止人员伤害的预防措施，撤人的目的是防止泄漏次生引发人员伤害事故。

2）疏散人群包括撤出泄漏区域内的外部人员和处置失效后内部人员撤离两个层面。

3）特别注意疏散人群过程中应防止产生火花引爆。

4）应制定失控后内部人员逃生的方法和路线，提前设定内部人员撤离的条件，在达到撤离条件后，内部人员无需指令立即撤离。

5）撤出泄漏区域内的外部人员，需要公安、社区、相关方联动，应提前建立联动和信息报告机制。

（2）警戒

1）警戒是封闭燃气泄漏现场危险区域的重要措施，警戒的目的是防止外来人员进入危险区域引发事故。

2）警戒包括拦阻外部人员、实时监控警戒线处检测数据、监护危险区域内的应急人员、正确引导媒体和公众四方面工作。

3）应注意警戒范围要随探边检测数据的改变随时变化，警戒区内应管制交通，严禁烟火，严禁无关人员入内。

4）泄漏区域的警戒需要公安、交警、相关方支持和配合，应提前建立联动和信息报告机制，需提前演练引导媒体和公众的方法。

（3）关阀

1）关阀是燃气泄漏现场应急处置的关键操作，关阀的目的是切断或减少燃气的来源。

2）关阀有彻底关断阀门和部分关闭阀门降压两种形式。

3）关阀包括关闭来气的上游阀门和下游阀门。

4）在应急过程中，遇到泄漏点不清楚的情况，考虑到应急时间和事故后果，不提倡采用降压处理。其他应急情况，如采用降压处理，应有专人和专门监测装置监控燃气压力变化（根据不同燃气种类，控制在 $300\sim800\mathrm{Pa}$ 范围），降压过程中应控制降压速度，严禁管道内产生负压。

（4）放散

1）放散是燃气泄漏后应急处置的重要手段，放散的目的是人为控制泄漏燃气的浓度。

2）放散方式可以采用打开放散阀安全放散、自然开放通风、风机强制通风等方法。

3）由于放散点周边燃气浓度较高，在放散时，应注意避免放散过程产生火花，所用器具必须防爆。

（5）检测

1）检测是发生泄漏后采集燃气浓度和环境影响的过程，检测的目的是通过采集数据推断漏点位置，判断事态，掌握气象。

2）检测包括气质检查、浓度测量、温度、风速、风向测定等方面。

3）检测结果是后续处置的依据，检测周期可以采用定时检测或连续监测。

（6）探边

1）探边是判断泄漏燃气影响范围的方法，探边的目的是通过燃气浓度检测查找安全边界，确定范围。

2）探边包括露天检测、挖掘检测、窨井沟渠检测、交叉管网检测、建筑物检测等方面。

3）探边结果是决定警戒、撤人的依据，应特别注意对管沟串气的探测。

（7）禁火

1）禁火是燃气泄漏后防止爆炸的应对措施，禁火的目的是切断点火源防止泄漏燃气爆炸。

2）禁火应考虑熄灭明火、避免产生电火花、防止尾气火星、防止静电火花、严禁使用非防爆型的机电设备及仪表工具等多方面因素。

3）禁火是燃气泄漏后避免事态扩大的重要手段，应予以重视，严禁使用能产生火花的工具进行作业，严禁在事故现场拨打电话。

4）断电是禁火的一种方式，特别注意切断电源位置必须处于泄漏范围以外，防范断电过程中产生火花引爆。如切断电源位置处于泄漏范围内，应采用禁止用电的方式断电。

（8）处置

1）处置是处理燃气泄漏的核心步骤，处置的目的是查找、修复漏点、防止事态扩大。

2）处置包括确定泄漏点、进行抢维修两个过程，处置方法应符合《城镇燃气设施运行、维护和抢修安全技术规程》CJJ 51—2016 的相关要求。

3）应特别注意处置过程中引发次生事故的可能性，处置过程必须严格遵守维抢修操作规程，作业现场应有专人监护，严禁单独操作，严禁明火查漏。

（9）恢复

1）恢复是应急处置过程的最终环节，恢复的目的是重新安全的运行。

2）恢复包括安全试验、原因分析、责任认定、恢复运行四个步骤。

3）完成修复后，应对事故点周边夹层、窨井、烟道、地下管线和建（构）筑物等场所进行全面检查，应安排对事故点进行 24h 重点监护，临时性补救恢复要在有效期内及时整改。

4）应注意恢复后必须按照"四不放过"原则进行事故总结，防止类似事故再次发生。

5）燃气泄漏原因未查清或隐患未消除时不得撤离现场，应采取安全措施，直至原因找到，消除隐患为止。

2. 室内燃气泄漏应急处理

（1）室内燃气泄漏现场警戒与人员疏导

燃气抢修人员到达现场应立即关闭该区域的燃气控制阀门，切断气源，设置警戒区域。警戒区域内包括一切车辆禁止通行，禁止一切火源，严禁携带任何火种，所有车辆熄火或禁止发动，关闭一切如对讲机、手机等可能产生静电打火的设备；配合小区物业人员切断电源，防止打开电气设备形成电火花，引起火灾或爆炸；对于有电梯的楼栋，提醒居民不要乘电梯，要从消防通道直接下楼撤离现场；配合 110 人员做好受影响区域的人员疏导工作，楼上人员用湿毛巾掩住口鼻进行有序地撤离到警戒区域以外。

（2）室内燃气泄漏险情排除

由于泄漏的天然气与空气已经形成爆炸性混合物，燃气抢修人员必须以最快的速度查找到泄漏位置，根据天然气泄漏的情况进行分析确定泄漏区域。对天然气已经扩散的地方，电器要保持原来的地方，不要随意的开关，切记现场不可打开金属的门、开换气扇，也不要脱换衣服，以防静电火花引爆泄漏的燃气，抢险人员严禁穿带铁钉的鞋和化纤的衣服，严禁使用金属工具，根据需要佩戴防毒面具或者用湿毛巾捂住口鼻，进入室内后进行排查，看有无受伤或者窒息人员，对发现有受伤或者窒息人员应立即抬到安全通风的场所，配合现场的医护人员进行施救。

抢险人员在室内必须使用防爆工具将泄漏区域的门窗打开，使室内的混合爆炸气体内外形成对流，将泄漏的天然气尽可能排到室外，这样就可以降低燃气的浓度，减少爆炸的几率；对于没有前后窗户，形成不了气体对流的，要使用防爆风机，强制将混合气体排到室外，同时抢修人员用甲烷气体含量检测仪对爆炸区域的甲烷含量进行检测，由于天然气的爆炸范围为 $5\%\sim15\%$，这就要求室内的甲烷含量必须低于 5%，天然气泄漏以后，在墙角不易扩散，容易大量的聚积，必须对泄漏房间的每个墙角进行检测，确保天然气的浓度不在爆炸的范围内。

（3）室内天然气泄漏险情排除后的送气工作

室内燃气泄漏的险情排除以后，组织严密的户内送气，可防止其他用户再次发生燃气泄漏的可能。

室内燃气泄漏进行紧急停气，有可能出现其他正在使用燃气的用户突然停气，没有来得及关闭燃气阀门，在送气的过程中很容易发生燃气泄漏，造成二次险情的发生，这就要求燃气抢修人员在送气的过程中，如果是室外挂表的，可观察表具是否有转动，如果表箱内表不发生转动，室内燃气阀门处于关闭状态，可以向用户恢复供气；如果是室外挂表的，并对户内管道用 U 形压力计进行试压，确认不漏时，向用户恢复供气。

3. 燃气燃烧爆炸应急处理

燃气爆炸应急处理有四种方法，即隔离法、窒息法、冷却法和抑制法。前三种方法为物理灭火、后一种为化学灭火。物理灭火是灭火剂不参与燃烧过程；化学灭火是灭火剂参与燃烧反应。

（1）隔离法：当燃气管道、用气设备发生燃气火灾或爆炸时，首先要用隔离法设法关断离事故现场最近的燃气管线上的阀门。将火源处和周围的可燃物隔离或将可燃物移开，燃烧会因缺少可燃物而停止。如发现管道上有裂缝、气孔等而发生漏气时，管道上又没有阀门可以控制，用户可采取临时措施。例如用黏度较强的胶布缠扎在裂缝、气孔砂眼上，避免大量燃气泄漏造成火灾或爆炸。操作时要注意通风，谨防燃气中毒。临时处理好后，立即打电话报告燃气公司以便及时派人抢修。禁止凑合用气或不负责的自行处理。液化石油气钢瓶外着火，应迅速关闭其角阀，用湿麻袋、湿棉衣、湿手巾扑灭火焰；管道燃气居民客户可以立即关断厨房内燃气表前的阀门以切断气源；如火势较大可将该立管下三通闷头打开用湿布堵塞停气。当阀门附近有火焰时，可以用湿麻袋、湿棉衣、湿手巾等包着关阀门，这样可为迅速灭火创造有利条件。

（2）窒息法：阻止空气流入燃烧区或用不可燃物质冲淡空气，使燃烧物得不到足够的氧气而熄灭。例如，室内着火，如果当时门窗紧闭，一般来说不应急于打开门窗。因为门窗紧闭，空气不流通，室内供氧不足，火势发展缓慢，一旦门窗打开，大量的新鲜空气涌入，火势就会迅速发展，不利于扑救。

（3）冷却法：就是将灭火剂直接喷射到燃烧物上，使燃烧物的温度低于燃点而停止燃烧。如果燃气着火时将其他物品（如门窗、衣服、家具）引着了，火势小时，应当机立断，采用冷却法用水灭火；火势大时，应一边扑火，一边设法报告消防部门来扑救。

（4）抑制法：就是使灭火剂参与燃烧的连锁反应，使燃烧过程中产生的游离基消失，形成稳定分子或低活性的游离基，从而使燃烧反应停止。

4. 燃气中毒应急处理

（1）中毒的形式

燃气公司供给用户的天然气不含硫化氢，但在使用中不慎也能引起中毒。虽然天然气的主要成分——甲烷，不属于毒性气体，但因人离开了氧气就不能生存，空气中含氧量16.7%是安全工作的最低要求，含氧量只有7%时则呼吸紧迫面色发青，当空气中的甲烷含量增加到10%以上时，则氧的含量相对减少，就使人感到氧气不足，此时中毒现象是虚弱眩晕，进而可能失去知觉，直至死亡。如果天然气泄漏到有限空间内，而又未能觉察，就会对人造成伤害。

（2）应急方案

1）现场有人员发生中毒窒息后，应立即组织人员成立救援小组（一般三人一组）协助他们或救助他们脱离污染区。要注意救护过程中，防止产生静电、着火、爆炸等二次灾害。

2）急救人员不能盲目地直接去救，应防止事故扩大，首先应进行个人防护、穿戴防毒面具，尽可能切断发生源。

3）一般有两人负责将伤员转移至通风处，松开衣服。当伤者呼吸停止时，施行人工呼吸；心脏停止跳动时，施行胸外按压，促使自动恢复呼吸。

4）在其中两人转移救治伤员的同时要有人员拨打120急救电话，拨通救护电话后，要讲清"三要素"：

①讲清危重病人所在厂区的详细地址；

②讲清灾害性质、受伤人数、伤害原因；说明中毒或窒息原因，便于医院做好应急抢救准备；

③讲清报警人的姓名和电话号码。

5）医疗部门电话打完后，应立即到路口迎候救护车（注意不要先挂电话）。

6）护送前及护送途中要注意防止休克。搬运时动作要轻柔，行动要平稳，以尽量减少伤员痛苦。

6 燃气管网运行作业规程

6.1 管网运行作业规程

1. 管网巡检作业规程

详见 4.1 节中"3. 管网巡查"部分的相关内容。

2. 置换通气作业规程

（1）通气前准备

1）操作人员根据图纸逐个清点确认系统设备、阀门。

2）按照任务单内容核对通气范围确定控制阀门。

3）准备相应的工具、材料、通信器材及氮气等。

4）在管网系统末端安装精密压力表进行压力监测。

5）确定置换气体排放点，在排放区设置警戒，禁止火种及无关人员进入排放区。

（2）氮气试压和置换

1）新投运的管线系统应采用间接置换法进行置换，即先用氮气置换空气，再用燃气置换氮气。

2）氮气瓶安装氮气减压阀，从通气管道首端连接。

3）开启氮气系统，调节氮气出口压力不超过 0.15MPa，将氮气导入系统进行充氮。

4）系统充氮过程中，注意观察各排放点压力变化情况，判断系统是否畅通。

5）系统压力升至 0.07MPa 时，打开排放点阀门进行排气，若出现排气不畅，应对管道进行分段排气检查，判定堵塞点并排除堵塞物。

6）系统氮气排放完毕后，关闭排气点阀门。

7）继续导入氮气，当系统压力 0.1MPa 时，保压 1h，以压力不降为合格。若压力降低应检查确认泄漏点。

（3）燃气置换

1）抢修后的管线可直接进行燃气置换；

2）开启管道末端处放散阀，放散置换，甲烷浓度达到 90％以上，开启所有阀门；

3）服务所安排调压工开启调压器进口放散阀放散后，开启调压器供气；

4）做好相关作业记录。

3. 维修抢险作业规程

（1）钢管抢维修

1）抢维修方法：补焊、加装哈夫或更换管道；

2）补焊适用与中压管道焊缝漏气、锈蚀穿孔、管道损坏面积小于横断面 1/3 时补焊抢修。

3）操作程序

①关闭漏气管道上下游阀门切断气源，在停气管段进气阀门处安装放散管，打开放散阀放空管道内余气，并处于开启状态，作为防爆泄压口。

②由服务所安排调压工关停受影响区域内的调压器（抢险现场关停、日常维修提前登报后关停）。

③待管道完全泄压后，由施工员按照抢维修漏点燃气浓度检测记录表要求，每隔5min 检测、记录漏点附近浓度。

④经两套甲烷浓度检测仪分别检测浓度均降至1％以下时，组织开挖，裸露漏点。

注：若开挖沟槽深度较深、土质较差，需对工作坑做放坡或支撑架加固。具体放坡系数等参数见建筑工程施工手册规定。

⑤工具铲沾水后，铲除以漏点为中心、周边面积略大于漏点面积的防腐层。

⑥用素土（泥巴）封堵管道损坏位置，阻断管道与空气对流。

⑦根据漏点大小，切割略大于漏点面积相同材质的补丁。

⑧在补丁两侧不小于 10mm 范围内采用角向磨光机对补丁来回打磨，使坡口表面整齐、光洁，不得有裂纹、铁锈。

⑨清除管道表面铁锈、油、水、素土等污物，直至露出管道本身金属光泽。

⑩将补丁与原管道焊实。

⑪焊接完成后，对焊缝进行无损探伤检测（第三方）。

⑫施工员缓慢开启送气阀门，现场用肥皂水及查漏仪查漏，无泄漏即为合格。

⑬用冷缠带紧密包裹管道防腐，或用喷枪对准热缩套从中间向两边转圈烘烤，同时不断赶出空气，使热缩套表面平整密实无皱折边缘出胶即可。

⑭对现场开挖范围内管道防腐层进行电火花检测，如有破损，及时修补。

⑮服务所安排调压工开启调压器进口放散阀放散后，开启调压器送气。

注：低压补焊无开、关阀门步骤，放散泄压口设在调压器出口放散阀处。

⑯更换管道适用范与中压 A、中压 B 管道断裂、锈蚀穿孔面积或损坏面积大于横断面1/3 抢修。具体操作程序如下：

A. 关闭漏气管道上下游阀门切断气源，在停气管段进气阀门处安装放散管，打开放散阀放空管道内余气，并处于开启状态，作为防爆泄压口。

B. 由服务所安排调压工关停受影响区域内的调压器（抢险现场关停、日常维修提前登报后关停）。

C. 待管道完全泄压后，由施工员按照抢维修漏点燃气浓度检测记录表要求，每隔5min 检测、记录漏点附近浓度。

D. 经两套甲烷浓度检测仪分别检测浓度均降至1％以下时，组织开挖，裸露漏点。

注：若开挖沟槽深度较深、土质较差，需对工作坑做放坡或支撑架加固。具体放坡系数等参数见建筑工程施工手册。

E. 由停气管道首端放散阀位置连接液氮钢瓶及气化装置对需施工管道充氮。

注：充氮前在管道损坏口用哈夫节简单封堵，以保证充氮效果。

F. 充氮管道压力达到 50000Pa 以上后放散置换，使用可燃气体检测仪在充氮管道末端检测甲烷浓度，确定甲烷含量为 0 后，切割需更换的管道。

G. 测量需更换的管道尺寸，气割（氧气、乙炔）截取相同尺寸、相同材质的新管道。

H. 用喷枪或工具铲沾水后，去除老管道焊口周边防腐层。

I. 检查管道内有无杂物，并及时清理。

J. 在新老管道焊口内外侧不小于10mm范围内采用角向磨光机对管道进行来回打磨，坡口表面整齐、光洁，不得有裂纹、铁锈。

K. 采用气焊、氩电联焊等工艺焊接新老管道，在气焊焊接过程中，氧气、乙炔气瓶必须直立放置、并加以稳固。夏季要对露天作业的气瓶加以遮盖，乙炔瓶瓶温不得超过40℃。

L. 焊接完成后，进行表面检查，清理打磨飞溅物，并对焊缝进行无损探伤检测。

M. 施工员缓慢开启进气阀门送气，现场用肥皂水及查漏仪分别对更换管道焊缝查漏，观察无气泡或查漏仪读数为零即为合格。

N. 修复管道压力达到管网运行压力后，开启损坏管道末端处放散阀，放散置换，甲烷浓度达到90%以上，开启所有阀门。

O. 服务所安排调压工开启调压器进口放散阀放散后，开启调压器恢复供气。

P. 用冷缠带紧密包裹管道防腐，或用烘枪热熔热缩套，使热缩套基层收缩、胶层熔化，紧密收缩包覆在补口处防腐。

Q. 对现场开挖范围内管道防腐层进行电火花检测，如有破损，及时修补。

注：低压更换管道无开、关阀门步骤，放散泄压口设在调压器出口放散阀处，其余操作程序同上。

⑰加装哈夫适用于中压钢管公称直径小于100mm、管道损坏面积小于横断面1/3且允许停气时间较短抢修，具体操作程序如下：

A. 关闭漏气管道上下游阀门切断气源，在停气管段进气阀门处安装放散管，打开放散阀放空管道内余气，并处于开启状态，作为防爆泄压口。

B. 由服务所安排调压工关停受影响区域内的调压器（抢险现场关停、日常维修提前登报后关停）。

C. 待管道完全泄压后，由施工员按照抢维修漏点燃气浓度检测记录表要求，每隔5分钟检测、记录漏点附近浓度。

D. 经两套甲烷浓度检测仪分别检测浓度均降至1%以下时，组织开挖，裸露漏点。

注：若开挖沟槽深度较深、土质较差，需对工作坑做放坡或支撑架加固。具体放坡系数等参数见建筑工程施工手册。

E. 清除漏点周边管道上的铁锈、熔渣等杂物，清洗干净后安装相同直径的哈夫包裹。

F. 拆除哈夫上螺栓及螺母，将哈夫两端密封面涂抹黄油，安装在破损管道上，预拧紧所有螺栓螺母，再对角拧紧螺栓螺母，保持相同力矩，提高密封性。

G. 施工员缓慢开启进气阀门送气，现场用肥皂水及查漏仪对哈夫查漏，观察无气泡或查漏仪读数为零即为合格。

H. 服务所安排调压工开启调压器进口放散阀放散后，开启调压器送气。

注：低压加装哈夫无开、关阀门步骤，放散泄压口设在调压器出口放散阀处，其余操作程序同上。

（2）PE管抢维修

1）抢维修方法：更换管道、加装哈夫

①中压 A 更换管道适用与中压 A 燃气管道破损修复。操作程序：

A. 关闭漏气管道上下游阀门，切断气源，在停气管段进气阀门处安装放散管，打开放散阀放空管道内余气。

B. 由服务所安排调压工关停受影响区域内的调压器（抢险现场关停、日常维修提前登报后关停）。

C. 在停气管段内进气阀门处安装放散管及压力表，关闭放散管末端阀门，观察压力表读数 30min，确认阀门无内渗后，打开放散管末端阀门并处于开启状态，由公司施工员按照抢维修漏点燃气浓度检测记录表要求，每隔 5min 检测、记录漏点附近浓度。

D. 浓度降到 1% 以下后，组织开挖，裸露漏点。

E. 测量需更换的管道尺寸，用割刀或手锯截取相同尺寸、相同材质的新管道，同时切除需更换的损坏管道。

F. 用洁净棉布将管材、管件连接部位擦拭干净，测量管件承口长度，并在管材插入端或插口管件插入端标记插入长度和刮除插入长度加 10mm 的插入段表皮，刮削处理电熔焊接表面氧化层 0.1～0.2mm，将管材或管件插入端插入电熔套筒承插管件承口内，至插入长度标记位置，并检查配合尺寸。通电前，校直两对应的连接件，使其在同一轴线上，并用专用夹具固定管材、管件。

G. 检查电熔连接机具与电熔管件连接无误后，启动电熔焊机焊接，具体焊接参数必须严格按照电熔连接机具和电熔管件生产厂家的技术指标和规定进行操作（一般以加热至有少量熔融料溢出观察孔为标准）。

H. 断电停止加热，自然冷却至常温（严禁采用人工降温的方法冷却），不得移动连接件或在连接件上施加任何外力。

I. 施工员缓慢开启进气阀门送气，现场用肥皂水及查漏仪对哈夫查漏，观察无气泡或查漏仪读数为零即为合格。

J. 服务所安排调压工开启调压器进口放散阀放散后，开启调压器送气。

②中压 B、低压更换管道适用与中压 B、低压管道破损面积较大或破损长度超出哈夫有效长度修复。操作程序：

A. 用可燃气体检漏仪检测可疑泄漏区域浓度，以检测仪显示数值最大点为中心，组织开挖，裸露漏点。

B. 在漏气点作业区两端采用止气夹压扁 PE 管，管径大于 110mm 时分两次下压，第一次压扁松开，第二次压死，以免止气夹受力不均匀变形造成夹不死现象发生。

C. 施工员按照抢维修漏点燃气浓度检测记录表要求，每隔 5min 检测、记录漏点附近浓度。

D. 浓度降到 1% 以下后，切除需更换的损坏管道。

E. 测量需更换的管道尺寸，用割刀或手锯截取相同尺寸、相同材质的新管道。

F. 用洁净棉布将管材、管件连接部位擦拭干净，测量管件承口长度，并在管材插入端或插口管件插入端标记插入长度和刮除插入长度加 10mm 的插入段表皮，刮削处理电熔焊接表面氧化层 0.1～0.2mm，将管材或管件插入端插入电熔套筒承插管件承口内，至插入长度标记位置，并检查配合尺寸。通电前，校直两对应的连接件，使其在同一轴线上，并用专用夹具固定管材、管件。

G. 检查电熔连接机具与电熔管件连接无误后，启动电熔焊机焊接，具体焊接参数必须严格按照电熔连接机具和电熔管件生产厂家的技术指标和规定进行操作（一般以加热至有少量熔融料溢出观察孔为标准）。

H. 断电停止加热，自然冷却至常温（严禁采用人工降温的方法冷却），不得移动连接件或在连接件上施加任何外力。

I. 松开止气夹送气，用肥皂水及查漏仪对连接部位查漏，观察无气泡或查漏仪读数为零即为合格。

③加装哈夫适用与中压 B、低压管道破损面积较小或破损长度小于哈夫的有效长度修复。操作程序：

A. 用可燃气体检漏仪检测可疑泄漏区域浓度，以检测仪显示数值最大点为中心，组织开挖，裸露漏点。

B. 在漏气点作业区两端采用止气夹压扁 PE 管，管径大于 110mm 时分两次下压，第一次压扁松开，第二次压死，以免止气夹受力不均匀变形造成夹不死现象发生。

C. 施工员按照抢维修漏点燃气浓度检测记录表要求，每隔 5min 检测、记录漏点附近浓度。

D. 浓度降到 1% 以下后，清除漏点周围管道上的杂物，清洗干净后安装相同直径的哈夫包裹。

E. 拆除哈夫上螺栓及螺母，将哈夫两端密封面涂抹黄油，安装在破损管道上，预拧紧所有螺栓螺母，再对角拧紧螺栓螺母，保持相同力矩，提高密封性。

F. 松开止气夹送气，用肥皂水及查漏仪对连接部位查漏，观察无气泡或查漏仪读数为零即为合格。

（3）铸铁管抢维修

1）紧换连接件维修适用与中压 B、低压管道接口漏气

①操作程序：

A. 逐个更换螺栓、螺母后，用肥皂水及查漏仪对连接部位查漏，观察无气泡或查漏仪读数为零即为合格。

B. 不合格拆卸螺栓螺母、松开法兰盘加橡胶圈重新安装，再次检测合格即为修复。

②更换管道维修适用与中压、低压管道漏气量较大或断裂面积较大。操作程序（中压）：

A. 关闭漏气管道上下游的阀门，切断气源。

B. 由服务所安排专人关停受影响的调压器（通知调度），及时将管道里的余气自然放空。

C. 在停气管段内进气阀门处安装放散管及压力表，观察压力表读数 30min，确认阀门无内渗后，由公司施工员每隔 5min 检测漏点浓度，浓度降到 1% 以下后，组织开挖，裸露漏点。

D. 专用割刀切断破损的管道，更换新管道及管件。

E. 更换完成后置换通气，用肥皂水及查漏仪对连接部位查漏，观察无气泡或查漏仪读数为零即为合格。

F. 服务所安排调压工开启调压器进口放散阀放散后，开启调压器送气。

③操作程序（低压）：

A. 用开洞机在受损管道两侧正上方开洞（开洞直径不应大于损坏管道直径的1/4），将堵气袋塞入开洞的管道内，分别充气封堵，破损管道无明显漏气，封堵完成。

B. 更换管道：测量需更换的管道尺寸，用专用割刀（管材）切割相同尺寸、相同材质的新管道，同时切除需更换的损坏管道。

C. 套筒分别连接新老管道。

D. 分别取出堵气袋，用缠绕生料带的堵头封堵开洞口。

E. 现场用肥皂水及查漏仪对连接部位查漏，观察无气泡或查漏仪读数为零即为合格。

2）加装哈夫维修适用与管道断裂长度在哈夫有效长度范围内。操作程序：

哈夫安装步骤及注意事项参照上述哈夫安装步骤。

（4）镀锌管抢维修

更换管道

1）操作程序（中压）：

①关闭漏气管道上下游的阀门，切断气源。

②由服务所安排调压工关停受影响的调压器（抢险现场关停、日常维修提前登报后关停），在停气管段内进气阀门处安装放散管放空，并处于开启状态。

③更换管材、管件，废除原有镀锌管。

2）操作程序（低压）：

①更换配件或管材，用连接器连接。

②抢修完成后需置换通气，先用肥皂水查漏，后用检漏仪器检验合格。

（5）铝塑管抢维修：损坏铝塑管段全部更换为镀锌管。

（6）阀门井抢维修

1）接口漏气

①逐个更换螺栓、螺母后，用肥皂水和查漏仪检测合格即为修复；

②不合格加装预制夹具，注胶后修复；

2）主阀阀体或补偿器漏气：停气后，破开阀门井更换漏气阀体或补偿器修复。

3）放散阀漏气

①垫片漏气

A. 逐个更换螺栓、螺母后，用肥皂水和查漏仪检测合格即为修复；

B. 不合格加装全包夹具修复。

②阀体漏气

A. 若影响范围小（管道长度小于1km、1000户以内），停气更换；

B. 若影响范围大（管道长度大于1km、1000户以上），预制夹具修复。

（7）管道水堵、灰堵抢维修

1）水堵

①初步判断水堵区域（一般情况下，供气路径最后一根有气立管和第一根无气的立管即为水堵区域）；

②在水堵区域管道首末端开丝洞，观察管道内水流情况，若管道内壁湿润度较大，继续沿气流方向开丝洞寻找水堵区域；若管道内明显积水，缩小水堵区域；

③利用抽水设备从登高堵头处抽水，如积水量较大，可同时打开相邻登高堵头抽水；

④若寻找难度较大，时间较长，可在未找到内渗点的水堵管道之间设立门字形旁通或加装凝水器抽水，以保证用户用气；间隔一段时间（一周）后，再次打开凝水器，观察是否有积水，若无积水，即为修复；若有积水，即为内渗造成水堵。

⑤确定内渗造成的水堵区域管道后，查找内渗点修复。

⑥钢管内渗造成的水堵，采用防腐层检测查找漏点后修复，若查找不出漏点，可采用开丝洞继续查找漏点修复。

⑦镀锌管、铸铁管、PE管内渗造成的水堵，采用开丝洞查找漏点修复。

2）灰堵

一般情况出现在老镀锌进户管道，更换管道修复。

（8）户内爆燃事故抢维修

1）关闭相应立管阀门控制气源，同时在立管处拉设警示带，设置安全提示牌。

2）检查燃气设施气密性，查明泄漏原因。

3）将爆炸用户燃气管道加装阀门进行临时封堵，开起立管阀门给其他用户送气。

4）爆燃火灾住户在事故处理完毕后对其进行恢复供气。

6.2　管网设备设施维护抢险作业规程

1. 调压设施

（1）抢险作业前使用检漏仪检查调压器、调压管路、阀门、部件接口是否有燃气泄漏，如有燃气泄漏，应立即进行现场警戒等应急处理措施。

（2）抢险时需关闭、开启调压器，在巡视记录本实时记录。

2. 管道设施

（1）管线运行维护部门对牺牲阳极（阴极保护）的测试桩（井）的井盖恢复工作须在24h内完成，如存在其他客观原因暂时无法修复，须设置安全围挡，备案记录并通知巡线人员加强巡视。当客观原因消除后须在24h内完成修复，修复完成后及时备案记录。

（2）管线运行管理部门接到更换镁阳极、测试桩移位等维护任务后需在5个工作日内完成修复，修复完成后及时备案记录。

（3）所有维修和恢复工作完成后，管线运行维护部门在48h内安排巡检人员对维修和恢复情况进行验收，验收结果及时备案记录。

3. 管网控制设施

（1）燃气管网阀门分类

1）公司中、低压燃气管网埋地阀门按材质和结构，分为钢制闸阀、PE球阀、油封阀等。

2）按阀门管控范围分为主管阀门、支管阀门、末端预留阀门。

3）按气源方向可分为单气源阀门和循环供气阀门。

（2）阀门操作

1）除应急抢险时可由抢险员及服务所阀门工配合关阀外，其余情况下阀门均由工程部阀门班负责操作。

2）在上岗作业前，劳动保护用品穿戴齐全，并检查所需工具、设备和消防器材是否齐全。

3）井盖开启前，应首先设置警示标志，摆放好消防器材，并对阀门井进行查漏。

4）作业时应使用防爆工具，钢制工具需事先涂抹黄油进行防爆处理。

5）打开阀门井盖后，必须确认空气中的氧气浓度在19.5%以上、无有毒性气体、可燃性气体浓度低于爆炸下限20%后方可下井作业。必要时使用防爆鼓风机持续向井内通风或使用防毒面具。

6）下井作业前需办理《进入受限空间安全作业许可证》。

7）下井作业时，现场必须有两人以上，并不得同时下井作业，井上留有监护人员全程监视作业状况。下井作业人员应穿戴好劳动防护用品，系好保险带，将系留绳交由井上监护人员。

8）井内作业人员发生异常情况时，监护人员不得贸然下井，应及时报告或报警，确保井内通风，在井上积极施救。

9）阀门井内有积水，深度达到阀门底部时应进行抽水。

10）利用阀门井内放散阀进行放散时，必须外接放散管，管口高出井口2m以上，严禁在井内开启放散阀放散。放散过程中人员不得下井。

11）阀门井口至阀体深度超过3m时，不得下井作业。

12）夜间作业时，现场应设置防爆照明灯，作业人员需穿着反光背心。

13）井下阀门开启或关闭时应缓慢，完全开启到位后，应反方向回转1圈。

14）井下作业人员不得接打电话。

15）阀门井启闭作业完成后，将防坠网原样恢复后，盖好阀门井盖，并清理现场，发现井盖破坏、缺失、失盗应及时报告并更换。

16）作业人员应作好阀门启闭记录，并将启闭过程拍照上传。

（3）阀门操作应急措施

1）发生伤害事故时，应立即抢救伤员，并向安全科及分管领导报告，保护事故现场。

2）发生火灾及时报警并向安全科及分管领导报告。在保证自身安全的情况下，使用就近的消防器材进行初期扑救。

3）发生人身中毒、窒息事故时，使中毒者脱离受限空间后，启动相应《有限空间应急处置预案》实施人员急救，并及时送往医院。中毒者脱离有限空间有可能摔伤时，要采取防止摔伤的措施。

4）井下施工人员发现异常后，立即停止作业，并及时上报，待方案调整后，方可再组织施工。

4. 管道附属设施

牺牲阳极日常巡检、定期检测要求如下：

（1）所有移交并投入运行的钢质管道的牺牲阳极（阴极）保护的测试桩（井），由管线运行维护部门在竣工验收后24h内，按统一格式建立档案，纳入正常管理；进行巡检、周期性电位检测、图纸及竣工资料统一归档。

（2）管线运行维护部门按照中压巡检周期对所辖区域内的牺牲阳极（阴极）进行巡查。巡检时要查看测试桩是否存在，是否发生位置变动、牺牲阳极（阴极）埋设地点上方及周边是否存在影响牺牲阳极正常功效的因素（开挖施工、污水、植树）。

（3）管线运行维护部门在对施工道路方进行图纸交底时，应将牺牲阳极（阴极）具体位置进行标明，防止施工造成牺牲阳极（阴极）损坏，导致防腐功能的失效。

（4）牺牲阳极（阴极）投入运行后，每半年进行一次维护和电位检测。

（5）在日常巡检过程中如发现牺牲阳极（阴极）保护功能失效（电位绝对值小于850mV），需在24h内记录备案后进行维修恢复。

（6）测试用万用表每年由管线运行维护部门集中用标准表校验一次，校验结果记录备案。

（7）测试用饱和铜/硫酸铜参比电极每年由管线运行维护部门集中更换一次。

6.3 管网设备设施作业规程

1. 调压设施

（1）中—中压和中—低压调压器

1）日常巡检

①对运行的燃气调压器按照计划进行巡检，保持燃气设施不间断地正常供气。

②日常巡检工作包括：巡视、查漏、巡检三部分。

③管线运行管理部门对所管理的调压器建立调压器巡线计划，每次巡检调压器运行是否正常。调压器巡检结束后，现场填写巡检记录、备案。

④未签订维保协议的非居民用户调压器，巡检周期为每月一次；居民用户调压器和签订维保协议的非居民用户调压器巡检周期为每个月两次；中—中压调压器巡检周期为每日一次。

⑤检查调压器进出口压力，在进口压力正常的情况下，保持出口压力在规定的范围内，现场测量出口压力并按要求做好各种记录。中—低压居民调压器出口压力能保证民用燃气灶前压力为 1.5～3.0kPa 的范围内；中—中压调压器出口压力不可超过设计最大出口压力。

⑥使用检漏仪检查调压器、调压管路、阀门、部件接口是否有燃气泄漏，如有燃气泄漏，应立即进行现场警戒等应急处理措施。

⑦过滤器每月排污1次，同时检查放水球阀的启闭灵活性；查看过滤器差压表，检测过滤器的压力损失（压差不大于 0.02MPa），差压过大应及时对过滤器采取维护措施。

⑧检查调压站（箱、挂）的安全警示标志是否齐全，巡检记录是否完整，消防器材是否配备到位或有无过期现象等。

⑨擦洗调压设备及调压管路、清扫地坪，保持调压站（箱、挂）卫生清洁；冬季必要时应采取防冻保温措施。

⑩中—中压调压器每月检查调压器关闭压力一次，如关闭压力过高或漏气，应检查调压器主阀及止回器皮膜是否老化或破损、弹簧是否失去应有强度或折断并及时清洗调压器阀口。

⑪中—中压调压器每半年检查一次调压器上切断阀的切断压力。如切断压力过低或漏气，应检查切断阀皮膜是否老化或破损、弹簧是否失去应有的强度或折断，应检查是否需

清洗调压器阀口；如切断压力过高，则应重新调整切断阀。

⑫中—中压调压器每半年检查一次安全放散阀放散情况及放散压力。如安全放散阀放散压力过低或漏气，应检查安全放散阀皮膜是否老化或破损、弹簧是否失去应有强度或折断及清洗放散阀阀口；如放散压力过高，则应重新调整安全放散阀。

⑬中—中压调压器每四年更换调压器、切断阀、安全放散阀的皮膜和橡胶件；每年清洗过滤器滤芯一次，同时打开过滤器上的排污阀排放污物。

⑭查看调压器护栏锈蚀、破损等情况是否严重，并记录在案备查。巡检过程中发现的一般隐患在2h内向班长报告，重大隐患需要在第一时间向服务所分管负责人报告，妥善处理。

2）安全技术规定

①调压器巡检人员，必须熟悉、掌握站内设备的运行状况；维护、大修必须严格按照计划实施；维护、大修工作必须由两人以上共同完成，并指定专人负责。

②站内检修时，要先打开门窗，保持室内通风。清洗更换过滤器内的填料应在室外操作。

③避免使用非防爆工具操作，如使用铁制工具必须涂抹黄油，工具和设备要注意轻拿轻放。

④检修时，要认真拆卸、清洗、擦拭调压器（包括指挥器）的各个部件，检查各个部件是否完整，有无黄油或机油润滑。

⑤每次维修时，及时更换不合格部件。

⑥检修后，按拆卸的相反顺序认真组装，对称拧紧所有螺栓；打开进、出口阀门、关闭旁通、调试、查漏，检查调压器运行是否正常。

⑦检修结束，清理检修器具，打扫站房卫生，填写检修记录和检修效果评估表，存档备查。

⑧维护、大修时需要检查调压器上切断阀的切断压力（主路切断压力为4000Pa）。对切断阀进行润滑保养，并检测其动作压力的准确性；如切断压力过低或漏气，应检查切断阀皮膜是否老化或破损、弹簧是否失去应有的强度或折断，应检查是否需清洗调压器阀口；如切断压力过高，则应重新调整切断阀。

⑨维护、大修时检查安全放散阀放散情况及放散压力（放散压力为3500Pa）。如安全放散阀放散压力过低或漏气，应检查安全放散阀皮膜是否老化或破损、弹簧是否失去应有强度或折断及清洗放散阀阀口；如放散压力过高，则应重新调整安全放散阀。

（2）调压器维修和维护

1）维修分故障维修和定期维修。故障维修是故障发生后为排除故障恢复正常运行而进行的工作。定期维修是调压站运行6个月后，为避免发生事故而进行的保养性工作。定期维修一般分维护、大修。

2）维护周期：签订维保协议的非居民调压器和居民调压器维护周期为季度一次（季度内大修的调压器，不再另行安排维保）。

3）维护内容：检查调压器自封压力，检查阀口、阀垫、皮膜、涂润滑油（硅脂），检查仪表精度，并调整；切断阀保养和切断压力校验、安全放散阀放散压力校验；做手动放散试验并检查放散管。

4) 大修周期：悬挂式调压箱每五年大修一次；落地式调压柜每四年大修一次。

5) 大修内容：更换调压器（阀口）阀口垫、皮膜、更换弹簧、清洗针型阀、检修导管、检修全部仪表；切断阀保养和切断压力校验、安全放散阀校验及放散压力校验；做手动放散试验并检查放散管。

6) 已安排大修调压器的不再安排季度维护。

7) 调压器首次投入运行一周后进行首检。

8) 双路（2＋0 型、2＋1 型）调压器每 6 个月进行主副路调换；进行调换时，备用路（副路）出口压力设定值比主路低 5％～10％，切断压力设定值比主路高 10％。

9) 单路（1＋0 型）调压器进行维护、大修时，需要提前 48h 告知小区物业或小区主管部门，同时在每个单元入口醒目处张贴停气告知书。

10) 调压器箱体和护栏损坏需更换按照规定步骤进行。

11) 施工单位提出更换方案，报公司安全科核查、签字后方可实施。

12) 施工单位提前一天与公司安全科约定施工时间，施工现场须有人员现场监护，施工结束后，公司服务所现场验收并在验收单上签字确认。

13) 施工单位进行工程决算时需出示验收单。

2. 阀门

(1) 燃气管网阀门分类

1) 公司中、低压燃气管网埋地阀门按材质和结构，分为钢制闸阀、PE 球阀、油封阀等。

2) 按阀门管控范围分为主管阀门、支管阀门、末端预留阀门。

3) 按气源方向可分为单气源阀门和循环供气阀门。

(2) 阀门井管理及巡查

1) 新建及一般改造燃气工程新增阀门井接收

①送气前服务所阀门工须对所有待开启阀门进行检查，确保其处于关闭状态。

②阀门工检查送气阀门井内无杂物、无积水、阀门手柄已拆除，阀门井座基础无损坏，对阀门井内外进行拍照上传。

③阀门工对管道保气压力（压力表值为 0.1MPa）进行核查，观察 20～30min 以上没有压力下降即为气密性合格。对压力表值进行拍照上传。

④施工单位打开首个阀门出口端放散阀，阀门工使用查漏仪检测放散管出口是否有天然气，若有，则阀门损坏停止送气；若无，则阀门正常同意开启送气。

⑤施工单位在第二个送气阀门进口端安装放散管，放散管引出至阀门井盖以上 1.5m处，通过放散管进行放散，阀门工用甲烷浓度检测仪在放散口检测到浓度达到 90％时放散合格。放散结束施工单位关闭放散阀门并拆除手柄。

⑥阀门工对放散现场进行拍照上传。

⑦巡线工使用查漏仪检测第二个送气阀门出口端放散阀打开后是否有天然气，若有，则阀门损坏停止送气；若无，则阀门正常同意开启送气。

⑧按此方法逐个开启后续送气阀门，进行拍照、送气、放散。

⑨巡线工对所有开启的送气阀门逐个用查漏仪进行查漏，检查每个放散阀门手柄已拆除。

⑩巡线工在开启送气阀门的井盖上用黄漆喷 GIS 编号，对阀门井喷好的编号进行拍照上传。

⑪阀门工需在送气后 24h 内将阀门井录入台账，并制作阀门卡，按已有阀门巡查管理。

2）大建设改造新增阀门井接收

大建设中燃气管网改造或临时迁改新增阀门井，服务所应在通气后 24h 内与施工单位现场交接，接收改造图纸，将阀门录入阀门井台账，并制作阀门卡，将阀门纳入大建设看护任务中。待改造结束并验收合格后，按已有阀门巡查管理。

3）已有阀门井巡检任务制定

中压巡线人员除了正常的管线巡检任务外，在智能巡线系统中针对阀门井单独制定巡检任务，在巡检周期内需要对阀门井拍照上传，确保巡视效果。

巡查周期如下：

①阀门井日常巡查，每周一次。

②大建设区域内阀门井巡查，每天一次。

③阀门井揭盖检查，每半年一次。

4）具体实施方案及要求

①完善阀门台账

A. 服务所阀门工利用已有阀门井台账对照 GIS 和竣工图纸，对辖区内所有阀门井进行复核，制定阀门井台账，在台账信息有变动时在 24h 内进行更新并上报安全科。

B. 服务所阀门工每半年配合工程部阀门班对辖区内的所有阀门井完好性进行全面检查，确保阀门处于全开位置且运行良好。如遇特殊原因需要关闭的阀门，上报调度批复后关闭阀门，并在台账中做好登记，每月向安全科上报阀门变更信息，以保证阀门台账统一。

C. 服务所阀门工需对辖区内阀门制作阀门卡，其中要包含阀门编号、位置、材质、规格、压力级别等信息，阀门信息变动时阀门卡要在 24h 内进行更新。

D. 阀门卡中定位图要求以永久性的建构筑物或有编号的路灯杆、交通信号杆等为基点进行定位后绘制，尺寸标注误差不大于 0.3m。

②阀门井的日常巡查

A. 巡线员在日常阀门井巡查中，仔细检查阀门井标识是否清晰，有无遮盖物、井盖及基础是否完好，是否泄漏等，发现异常情况现场通过手持终端进行上报处理。

B. 巡线员在巡查周期内需对所有阀门井拍照上传（每个阀门井 1 张照片），不得多拍或漏拍，照片应包括阀门编号在内方为有效。

③大建设区域内阀门井巡查

A. 对于大建设及其他施工区域附近的阀门按《燃气管网分级及巡线管理规定》，安排专职看护人员对阀门进行看护，每天拍照上传。

B. 服务所阀门工应配合工程部每半年阀门进行全面检查，除日常巡查包含的内容外，还应包括以下内容：

a. 阀门井内编号牌、防坠网是否完好。

b. 阀门井内有无杂物、积水、漏气等情况。

c. 阀门井内附件（爬梯、放散阀法兰盖、PE 阀上盖、螺栓等）有无缺失。

d. 管道及阀门防腐是否完好，是否有锈蚀现象。

e. 钢制阀门需使用专用工具进行启闭操作各 3 圈，操作完成后按原状态完全启闭到位后再反方向回转 1 圈，检查阀杆是否操作灵活。

f. 阀门启闭状态与台账是否相符，是否存在半开、半关状态。

g. 井壁是否有开裂或损坏。

h. 阀门井是否超深（当井口至阀体深度超过 3m 时，服务所第一时间上报安全科，由安全科统一上报信息规划部，在 GIS 中将该阀门井作为不可操作阀门井处理）。

i. PE 阀门放散阀手柄是否拆除。

j. 阀门工对新交付、待送气阀门应进行全面检查，检查内容参照季度普查。

k. 在检查中发现异常情况时及时拍照并做好记录，按《巡线员岗位操作规程》上报处理。

④阀门井启闭状态改变后的复核

阀门因接气、改造及突发事件，造成启闭状态的改变时，服务所阀门工应全程现场监管并在事件结束后对阀门的启闭状态现场复核并在《阀门状态变更记录表》中记录，发现阀门启闭状态不符时立即向所长及安全科报告。确保阀门处于正常状态。

（3）阀门操作（见 6.2 节第 3 点）

3. 计量设施

为了进一步加强对计量设施的管理，规范计量器具的日常维护、检验、计量数据的记录，保证计量器具的准确性。结合实际工作，特定本燃气计量设施管理规定。

（1）日常的巡查、抄表

1）抄表员定期对所有区域的用户计量设施进行巡查及抄表。

2）巡查的内容包括：

①计量设施的运行情况，技术数值是否准确，流量值与用户的负荷是否匹配；

②检查流量计的外观，检查是否有人为拆动；

③检查燃气设施有无安全隐患及向用户宣传安全用气知识。

3）居民用户每两个月巡查 1 次，商业用户每月巡查 1 次，公福用户每月巡查 2 次，工业用户每月巡查 2 次，对重点用户应加大巡查次数。

4）记录的内容包括：

①计量表工作状态（是否正常工作，是否到检定期）；

②记量表型号、表号、封号、编号；

③计量表显示内容（数量、工况、标况、温度、压力、电量等）；

④用户用气设备；

⑤安全隐患。

5）计量员（抄表员）应完整准确的记录相应内容，字迹书写工整。

（2）维护及维修

1）计量员（抄表员）因每次巡检时做好计量器具的日常维护工作，包括计量器具的外观工作状况，卫生并做好记录。对需要维修等情况要及时上报。

2）计量员或用户发现计量器具出现故障时，计量员应及时到现场复核情况并向班组负责人汇报，班组负责人应按相应程序进行上报处理。

3）服务所在接到到维修工作单后，同计量员一并到现场查看、维修。如需厂家维修时，应向用户说明，并和用户签订相关协议。与厂家联系进行维修。计量员和维修员应做好维修前后的各种记录。对用气方量应与用户在场时共同记录，签字。

4）计量员（抄表员）在对居民用户进行入户检查时，向用户宣传计量表使用及简单维护保养知识。

5）居民用户计量表出现故障时，由公司服务所维修人员进行处理。

（3）使用年限及检验

1）按照国家计量检定规程的要求，流量器具需进行首次检定和周期检定。以便能准确掌握在用流量表的运行质量，及时调整在用流量表的准确性。

2）民用表（G6以下皮膜表）周检：按照国家《交流电表检定装置检定规程》JJG 597—2005 计量检验规程的要求，天然气为介质的燃气表使用周期不超过10年。这类表只做首次强检，限期使用，到期更换。在使用过程中，对不同使用年限的民用表进行抽检，掌握在用民用表的运行质量，延长民用表的使用周期。

3）非居民用户计量器具的周期检定：根据国家规定，G10（含）以上皮膜表检定周期为3年，流量计的检定周期为2年。根据周期检定结果，判断流量计的运行质量，对慢表、死表及其他计量失常的流量计（表），要及时维护、维修和更换。

4）按照检定规程和检定周期要求，由安技科制定流量表当年周期检定计划，报部门领导批准。按计划将到期流量表送检，并及时汇总周期检定结果。不允许超期使用流量表。

5）对于达到寿命周期，失去使用功能，没有维修价值的流量表，要进行更换。

6.4 管网运行安全规程

1. 安全规程的必要性

规程是对工艺、操作、安装、检定、维修等具体技术要求和实施程序所做的统一规定。而所谓操作规程，是对任何的操作都制定严格的程序，任何人在执行这一任务时都严格按照这一工序来做，期间使用的任何工具，在何时使用这种工具，都做出详细的规定。严格的操作实际上就是一份操作过程的详细说明书，辅以各类图例，不同的人在同一项工作中，不论是整个过程中的环节还是最后的处理结果都应该是一样的。这也是制定操作规程所期望达到的目标。

（1）制定操作规程是企业自身发展和服务质量的需要

随着公司的发展以及服务质量的提升，而提高工作质量是提高服务质量的前提，工作质量上不去，公司就没有竞争力，在市场竞争中就会被淘汰，因而也对管理工作提出了更高的要求，必须不断提高工作质量，降低物料消耗，以适应市场竞争机制的需要，使企业永远立于不败之地。而要做到提高工作质量，降低物料消耗，只有建立控制和指导员工工作行为，有定性、定量便于严格考核的工作标准——岗位安全操作规程，才是提高工作质量的有效途径。所以，制定岗位安全操作规程即是公司自身发展的需要，也是市场竞争的需要。

（2）制定操作规程是安全生产的需要

任何安全操作规程都是以岗位操作内容为基础建立的，完善的岗位操作规程不仅能规范生产过程，提高工作质量，还便于企业实施标准化管理，有效防止违规操作造成的安全事故，减少不必要的财产损失和人身伤害。因此，制定规范的岗位操作规程是建立完善安全操作规程的前提，也就是安全生产的需要。所以，我们通过学习、培训，要使广大员工在生产实际工作中明确、牢固、遵守操作规程，同时在生产中不断总结经验，吸取教训，根据实际生产情况，制定出更加合理、完善、科学的安全操作规程，为公司的发展夯实基础。

2. 常见安全问题及处理办法

（1）漏气上报

巡线员在低压管网巡视中如发现管网设备泄漏，应及时通过手持端拍照（查漏仪显示报警数据，图6-1）进行上报，并通知服务所领导进行处理，回所后记录在隐患登记本中，并签字确认。当日未能修复的，巡线员需每日对漏气部位进行巡视记录，修复完成后现场复核并记录修复日期（修复完成后连续两日到现场查漏并记录）。

图 6-1 查漏仪显示报警数据

（2）违章占压燃气管道

操作步骤如下：

1）巡查员在日常巡检过程中发现有占压燃气管网的现象时要及时进行拍照上报，同时向相关责任人下达违章占压整改通知单。对疑似占压的情况，巡查人员可上报所领导，要求抢维修中心现场进行开挖、探测管道具体走向后，巡查人员向相关责任人下达违章整改通知单。

2）如有拒绝签单（违章占压整改通知单）、屡劝不听的，巡查员及时向所领导汇报。

3）服务所领导与相关责任人进行协商沟通确定整改方案，如不配合可与占压构筑物所在街道进行沟通，确定整改方案后告知责任人进行整改。

4）协商期间巡线员要定期（1周2次）去占压现场进行检查是否有漏气现象，同时在巡线日报表中记录现场情况并拍照进行上传，对于长时间未能整改的占压隐患，巡线员每季度找到当事人并下达违章整改通知单。

5）对于整改结束的占压隐患，巡查员同样要去现场进行核实，在巡线日报表中记录整改时间并拍照上传。

6）对于处理结束的违章占压区域，巡查员在日常巡检过程中要定期进行检查，防止违章构筑物再次复建。

（3）警示标志增补

操作步骤如下：

1）标志贴的增补

巡线员每日巡视前备齐标志贴、胶水、橡皮锤等必备工具。按照每人每日低压管网 4 栋楼，中压管网 200m 的工作量进行定量增补，如遇天气等其他情况需注明未能完成每日工作量原因。增补结束后按照巡视计划对巡视区域内遗失的标志贴进行及时增补。

粘贴步骤：

①选择平整的粘贴面进行清理，确保粘贴地面无杂物。

②胶水均匀涂抹在标志贴背面，无遗漏，粘贴地面同样均匀涂抹胶水（涂抹面积略大于标志贴）。

③将标志贴水平与粘贴面进行粘合后，使用橡皮锤对标志贴一周进行均匀敲打，待标志贴与粘贴面完全吻合后结束敲打。

标志贴拍照上报规范

2）标志桩的增补

巡线员按照管网巡视周期对管道进行巡查，一旦发现标志桩缺失要及时进行记录（记录缺少标志桩具体部位），回所后汇报服务所领导，由服务所进行集中统计缺失部位，统一安排维修中心进行补充埋设。

①地面标志设置要求

地面标志应设置在管道上方地面，且能正确明显地指示管道走向和地下设施。地面标志应设置在管道折点、三通、交叉点、末端等处。直线管段设置地面标志的间距不宜大于 100m。

A. 中压环管和中压环管以内的中压管道每 50m 设置一处管道标志。

B. 高压环管和高压环管到中压环管之间的中压管道每 100m 设置一处管道标志。

C. 低压庭院燃气管道折点、三通、末端等管道走向改变的位置应设置管道标志。

D. 多次发现燃气泄漏的管道应根据现场需要设置管道标志。

E. 采用非开挖施工敷设的燃气管道入土点和出土点应设置管道标志。

F. 燃气阀门井盖、凝水缸防护罩等可视为地面标志。

②地上标志设置要求：

地上标志的设置不得妨碍车辆、行人通行。地上标志应高出地面，且顶端距地面高度宜为 0.5～1.5m。因特殊原因不能在管道正上方设置时，标志与管道中心线的水平距离应不大于 1.5m。

（4）施工交底、看护

1）交底

①交底人员需配备警示牌、黄漆、卷尺、手持终端、交底单及交底图纸到达施工现场。

②现场交底时上传交底单正反面及竣工图纸照片，一张竣工图不能反映施工现场管网

全貌的要求将图纸进行拼接，不能拼接的需另附示意图，同时进行拍照上传（示意图与竣工图上需将施工区域内的支管、过路管、非开挖管道、阀门井用红笔注明）。

A. 交底单填写规范（见图 6-2）

燃气管道及设施安全交底记录及保护告知书

为保证贵公司工程建设顺利进行，我公司对贵公司施工范围内的燃气管道及设施进行现场安全交底，请贵公司在施工过程中采取安全措施做好燃气管道及设施的保护。

一、贵公司建设施工范围及时间安排：____________

二、燃气管道及设施安全交底事项

交 底 人：1. ______ 电话：______

2. ______ 电话：______ 交底时间：______

资料签收人：______ 公司名称：______

签收人电话：______ 签收时间：______

1. 交底图纸：共______份______张。

序号	图纸名称	图号	备注
1	燃气管网示意图（可参考GIS截图）		
2			
3			
4			
5			
6			

注：

2. 交底管网情况

管网情况	管长/m	过路管/处	支管/处	非开挖施工/处	阀门井/个	合计	备注
合计							

三、燃气管道及设施保护方案

1. 燃气管道及设施的安全保护范围

距离燃气主管道二米以内；距离燃气阀门及调压站六米以内。

2. 燃气管道及设施保护的技术措施

1)、请贵公司根据我公司交底资料，掌握施工区域内燃气管道走向和材质，明确施工区域内燃气井、调压器等设施位置，并将相关信息反馈工程建设单位，监理单位和施工单位。施工方案变更或改变，施工区域超出安全交底范围，应及时联系我公司重新现场交底，重新交底前请勿施工。

2)、施工开挖前，组织人员在我公司指导下人工开挖探坑，探明燃气管道实际位置。弯头和三通处均需人工开挖探坑，直管段按不超过200米距离人工开挖探坑。探坑开挖宜用铁锹、铁镐等工具谨慎作业，确保燃气管道和设施不被损坏；若挖到警示带、回填沙层时必须格外注意，小心扒开土层或砂层使下方管道裸露。

3)、若燃气管道埋深过浅（标准埋深：机动车道下0.9米，非机动车道人行道下0.6米，机动车不可能到达的区域0.3米），新施工永久构筑物位置与燃气管道及设施冲突或开挖将造成燃气管道及设施暴露，悬空时，应提前与我公司协商确定管道迁移或悬吊加固等保护措施；贵公司应保证施工机具、设备、过往车辆与燃气管道及设施保持施工间距，避免车辆通行或起吊重物时碰撞损坏。

4)、燃气管道位置不得严禁机械开挖、钻孔、非开挖（顶管、定向钻）等施工作业。**非开挖等隐蔽工程交底资料仅作为参考，具体管位和深度以探沟现场开挖或其他科学技术手段实测为准。**

四、贵公司职责

根据《城镇燃气管理条例》及燃气管道保护相关要求，贵公司在施工过程中应对燃气管道及设施履行以下安全保护职责：

1、在燃气管道及设施保护范围内，从事敷设管道、打桩、顶进、挖掘、钻探等可能影响燃气管道及设施安全活动的，应当与我公司共同制定燃气管道及设施保护方案，并采取相应的安全保护措施。

2、新建、扩建、改建建设工程，不得影响燃气管道及设施安全。贵公司在开工前，应当查明建设工程施工范围内地下燃气管道的相关情况，安排其他相关方出席燃气管道及设施安全技术交底，收取、留存施工范围内燃气管道及设施图纸，保证燃气管道及设施安全间距符合规范要求。

3、禁止野蛮施工破坏燃气管道及设施，对保护范围内的燃气管道及设施施工时提前与我公司联系，并共同到现场确定迁移或保护方案，加强施工队伍安全教育，强化安全责任意识，做到安全文明施工。

4、在施工中，应按照我公司人员现场指导，对燃气管道及设施进行保护。一旦燃气管道及设施遭到施工破坏，贵公司应立即保护现场，严禁烟火，保持现场通风，及时拨打我公司**抢险热线65133333**报告险情，积极配合我公司进行燃气抢险，并承担相应责任。

五、交底其他相关方

单位名称	人员	职务	联系电话	备注

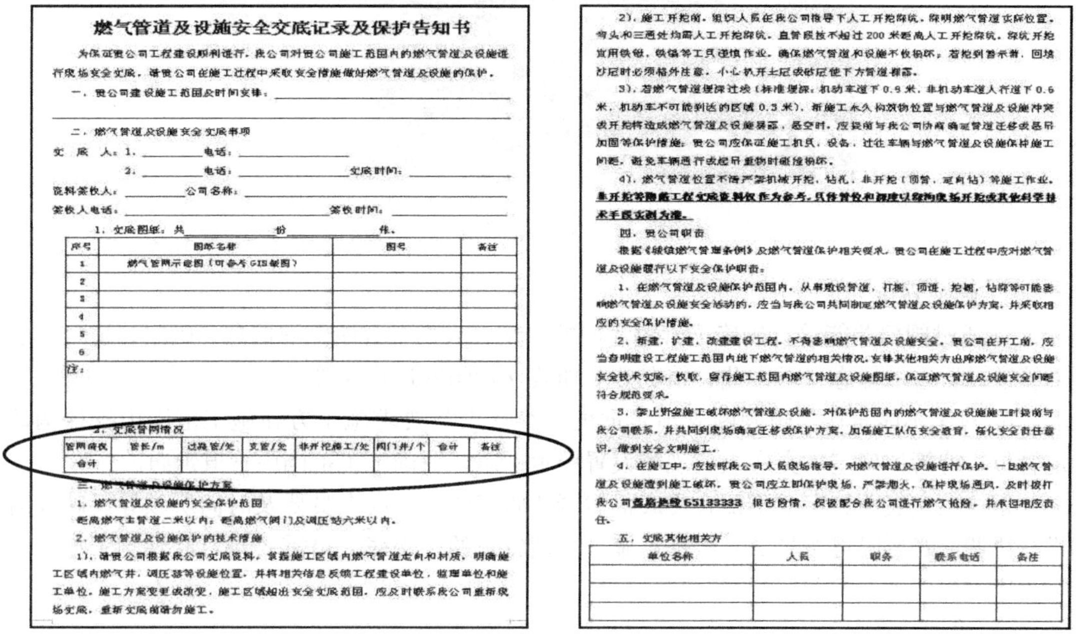

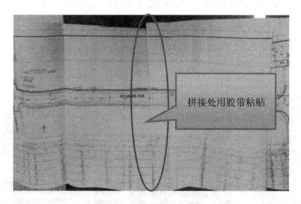

图 6-2　交底单填写规范

交底单空白部分需要服务所交底人员如实填写，特别注意在交底管网情况中将施工区域内的支管、过路管、非开挖管道、阀门井数量统计填写正确（中压由所长交底、低压由班长交底）。

B. 交底图纸规范

a. 能拼接的竣工图纸拼接后进行交底（见图 6-3）。

图 6-3　竣工图纸拼接

b. 不能拼接的竣工图纸，需要另附示意图，在示意图中标注管网距离位置后进行交底（见图 6-4）。

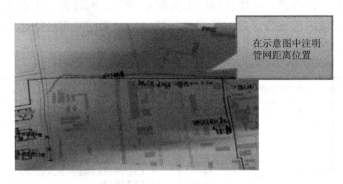

在示意图中注明管网距离位置

图 6-4　不能拼接图纸注明

C. 确定管位

a. 通过阀门井能够直接确定管道走向的，交底人员结合竣工图信息，确定管道走向后沿管道设置警示标志（通常此类情况涉及加装支管阀的过路支管）。

b. 对于不能直接清晰判断管道走向的，交底人员要求施工方在施工范围内挖探沟确定管位，待管位确定后交底人员现场设置警示标志，明确施工范围内管道走向。

拒绝在交底单签字或不配合交底仍然野蛮施工的，交底人员要及时向所领导反映及时进行协调，必要时可拨打 110 报警，施工工期较长的，交底人员需要每月联系施工方，进行再次交底。

2）看护

①服务所看护人员需配备警示牌、黄漆、卷尺、手持终端、反光背心到达施工现场。

②到达现场后，看护人员结合手持端 GIS 管网图，现场对燃气管道的位置进行测量定位，同时采取插警示牌或喷黄漆的方式进行标识（警示标志间距不超过 10m，如涉及过路管，需要在道路两侧设置警示标志，能够反映出过路管走向，过路管/顶管警示牌不少于 5 个；支管警示牌不少于 3 个；阀门井需在井盖上喷涂 GIS 编号），主动联系施工方负责人以及机械开挖操作人员指明管网位置，避免施工破坏（见图 6-5）。

3）每日服务所看护人员到达现场后，点击施工区域内管线，现场拍照后进行上报（要求拍摄照片反映施工区域内阀门井、过路管、支管、顶管位置，上报照片数量要与交底管网情况中填写的数量一致）。

过路管在马路两侧设置警示标志反应管网走向

图 6-5　燃气管道标识

4）服务所看护人员每日对施工区域管网设备进行巡查，发现警示标志丢失损坏的要及时增补，同时在巡视日报表中记录看护情况。非我公司看护人员每日需沿施工区域内管线进行巡视，且找到施工负责人了解近期施工情况，一旦有开挖施工，看护人员需要现场指导、监督施工人员进行开挖，距离管线较近时必须让施工方采取人工开挖。服务所看护人员每日需另上传一张非我公司看护人员在看护现场的照片，作为非公司看护人员的工作考勤。

5）对于第三方施工单位强行在我公司管网上方进行施工的，经劝阻无效的，要第一时间向服务所领导报告，必要时可拨打110。

6）如发现现场开挖导致燃气管道漏气等紧急情况，则第一时间报告所领导，迅速按照《燃气事故紧急抢险预案》进行处理。

7 燃气管网运行常用设备

7.1 巡检设备

1. 巡查作业所需工具

管网巡查常用工具主要包括手持式可燃气体检测仪、翻盖钩、卷尺、喷漆、智能巡检系统手持终端（见图7-1）。

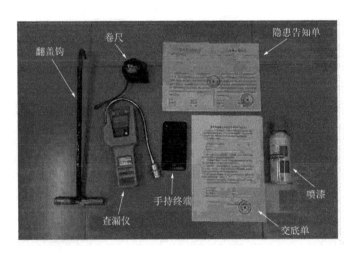

图 7-1 管网巡查工具

（1）手持式可燃气体检测仪

手持式可燃气体检测仪检测原理分为电化学式和催化燃烧式，采样方式为吸入式，通过探头吸入气体样本，气体检测元件为专用传感器。手持式可燃气体检测仪是常见的燃气浓度检测的便携式仪器，常用于阀门井、户内外管道及管道接头、管道沟槽的燃气浓度检测，操作简便，使用时打开开关将探头伸入需要检测部位，使用结束后将其关闭即可。手持式可燃气体检测仪的作用是能迅速并自动连续检测气体样品中可燃气体的浓度，当探测到可燃气体的浓度达到设定的报警值时，会发出报警信号（一般达到爆炸下限 LEL 的20%）（见图7-2）。

（2）激光甲烷检测仪

激光甲烷检测仪，不需要接触天然气泄漏区域，通过激光照射，可在安全区域内远距离准确判定天然气泄漏征兆及泄漏位置。测量范围：1～50000ppm（单位：百万分之一），见图7-3。

图7-2 手持式可燃气体检测仪（LEL级）

图7-3 激光甲烷检测仪（PPM级）

应用场合：①建筑物天然气户外立管；②天然气架空管；③天然气储罐；④建筑物室内顶部天然气可能聚集区；⑤不入户透过玻璃进行室内检测；⑥远距离检测危险燃气泄漏区域；⑦人员不易到达的燃气设施检测；⑧人员不宜到达的燃气泄漏危险区域检测。

（3）智能巡检系统手持终端

智能巡检系统手持终端是每位巡查员日常巡检工作必备的工具，不仅能够记录巡查员当日的工作情况，可以为巡查员提供巡查区域内的燃气管网分布情况，使得巡查员能够准确的进行巡查工作。具体使用操作说明见公司内网。

要求每位巡查员在开始当日巡查任务前将智能巡检系统手持端开启，并连接网络（见图7-4）。巡查结束后将手持端断开连接即可。

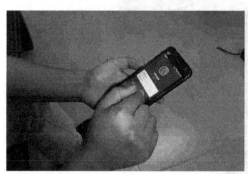
（a）开启连接

（b）断开关闭

图7-4 智能巡检系统手持终端

2. 车辆

比较偏远的区域，由各服务所派汽车进行巡检（一般超过13km以外的区域），采用汽车巡检时车速不宜过快，车速应低于20km/h。

中（低）压管网多为城镇市政道路或老城区街巷内的地下管道，这些地区的管网多为枝状分布，管网密集，所在的城镇（老城区或小区）道路狭窄并且人流量较大。因而中（低）压管网巡查常用的交通工具以电动车为主，公司给每位巡查员统一配备了电动车，在使用电动车巡查时，时速应低于20km/h（见图7-5）。

（a）巡检电动车　　　　　　　　（b）巡检汽车

图 7-5　巡检车辆

7.2　维修设备与器材

1. 维修设备

（1）热熔机（用于 PE 燃气管道的热熔对接，见图 7-6）

图 7-6　热熔机

（2）电熔机（用于 PE 燃气管道的电熔焊接，见图 7-7）

图 7-7　电熔机

（3）电焊机（用于管道的焊接，见图7-8）

图7-8 电焊机

（4）鼓风机（用于受限空间施工通风，见图7-9）

图7-9 鼓风机

（5）四合一气体检测仪（用于检测：一氧化碳、硫化氢、可燃气体、氧气，见图7-10）

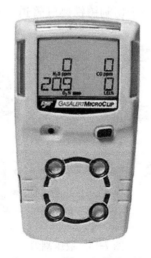

图7-10 四合一气体检测仪

（6）止气夹（用于 PE 燃气管道抢险，见图 7-11）

图 7-11　止气夹

（7）旋转式（钢管）割刀（用于切割钢制燃气管道，见图 7-12）

图 7-12　旋转式割刀

（8）液压（铸铁管）割刀（用于切割铸铁燃气管道，见图 7-13）

图 7-13　液压割刀

（9）救生三脚架（用于下井作业使用，见图7-14）

图7-14　救生三角架

（10）其他维修设备

防爆锹（见图7-15）、防爆镐（见图7-16）、防爆锤（见图7-17）、避火服（见图7-18）、呼吸器（见图7-19）、防爆灯（见图7-20）。

图7-15　防爆锹　　　　　　　　　　　图7-16　防爆镐

图7-17　防爆锤

图 7-18　避火服　　　　　　图 7-19　呼吸器　　　　　　图 7-20　防爆灯

2. 施工设备

（1）热熔机（用于 PE 燃气管道的热熔对接，见图 7-21）.

图 7-21　热熔机

（2）电熔机（用于 PE 燃气管道的电熔焊接，见图 7-22）

图 7-22　电熔机

（3）电焊机（用于管道的焊接，见图 7-23）

图 7-23　电焊机

3. 配电箱（见图 7-24）

图 7-24　配电箱

4. PE 管材管件及钢制管材管件
（1）PE 管及配件（见图 7-25）

图 7-25　PE 管及配件

（2）钢管及配件（见图 7-26）

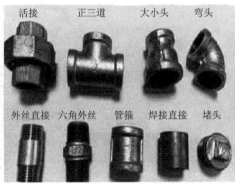

图 7-26　钢管及配件

5. 挖掘机（见图 7-27）

图 7-27　挖掘机

6. 抛光机（见图 7-28）

图 7-28　抛光机

7. 切割机（见图 7-29）

图 7-29　切割机

8. 切地机（见图 7-30）

图 7-30　切地机

参考文献

[1] 张爱凤. 燃气供应工程. 合肥：合肥工业大学出版社出版.

[2] 赵承雄、陈炬、艾建国. 燃气管网工. 北京：国防科技大学出版社出版.